华章心理

打开心世界·遇见新自己

ENOUGH As She Is

How to Help Girls Move Beyond Impossible
Standards of Success to Live Healthy, Happy, and Fulfilling Lives

女孩，
你已足够好

如何帮助被"好"标准困住的女孩

[美] 蕾切尔·西蒙斯（Rachel Simmons）著
汪幼枫 陈舒 译

机械工业出版社
China Machine Press

图书在版编目（CIP）数据

女孩，你已足够好：如何帮助被"好"标准困住的女孩/（美）蕾切尔·西蒙斯（Rachel Simmons）著；汪幼枫，陈舒译. -- 北京：机械工业出版社，2021.7

书名原文：Enough As She Is: How to Help Girls Move Beyond Impossible Standards of Success to Live Healthy, Happy, and Fulfilling Lives

ISBN 978-7-111-68604-0

I. ①女… II. ①蕾… ②汪… ③陈… III. ①人生哲学-女性读物 IV. ①B821-49

中国版本图书馆CIP数据核字（2021）第140262号

本书版权登记号：图字 01-2021-1996

Rachel Simmons. Enough As She Is: How to Help Girls Move Beyond Impossible Standards of Success to Live Healthy, Happy, and Fulfilling Lives.

Copyright © 2018 by Rachel Simmons.

Simplified Chinese Translation Copyright © 2021 by China Machine Press. Published by agreement with Rachel Simmons through The Grayhawk Agency Ltd. This edition is authorized for sale in the People's Republic of China only, excluding Hong Kong, Macao SAR and Taiwan.

No part of this book may be reproduced or transmitted in any form or by any means, electronic or mechanical, including photocopying, recording or any information storage and retrieval system, without permission, in writing, from the publisher.

All rights reserved.

本书中文简体字版由Rachel Simmons通过光磊国际版权经纪有限公司授权机械工业出版社在中华人民共和国境内（不包括香港、澳门特别行政区及台湾地区）独家出版发行。未经出版者书面许可，不得以任何方式抄袭、复制或节录本书中的任何部分。

女孩，你已足够好：如何帮助被"好"标准困住的女孩

出版发行：	机械工业出版社（北京市西城区百万庄大街22号　邮政编码：100037）
责任编辑：	邹慧颖
责任校对：	马荣敏
印　　刷：	北京诚信伟业印刷有限公司
版　　次：	2021年8月第1版第1次印刷
开　　本：	147mm×210mm　1/32
印　　张：	9.125
书　　号：	ISBN 978-7-111-68604-0
定　　价：	65.00元

客服电话：（010）88361066　88379833　68326294　　投稿热线：（010）88379007
华章网站：www.hzbook.com　　　　　　　　　　　　读者信箱：hzjg@hzbook.com

版权所有·侵权必究
封底无防伪标均为盗版　　本书法律顾问：北京大成律师事务所　韩光/邹晓东

给埃斯蒂

赞 誉 PRAISE

这是一本家长们期待已久的书。

——阿里安娜·赫芬顿（Arianna Huffington），
美国"媒体女王"，《郝芬顿邮报》创始人

这本书对于任何一位女孩的父母或导师来说都是难能可贵的……买下它，读完它，按照它说的去做。帮助你所爱的女孩认识到在所有确定无疑的事情中最重要的一件：她真的已经足够好了。

——朱莉·莱斯考特-海姆斯（Julie Lythcott-Haims），
《纽约时报》畅销书《怎样让孩子真正成人》作者

这本书可能让成百上千万的女性抛弃"拥有一切意味着做到一切"的荒谬想法。

——格洛丽亚·斯泰纳姆（Gloria Steinem），美国知名记者

这是一本极富启发性的著作，研究了当今女性所面临的前所未有的压力，并对如何抵制完美主义和获得满足感提出了明智的建议。

——《人物周刊》

CONTENTS 目 录

赞 誉
导 言：她还不够好

第1章　大学申请产业综合体　/1
　　　　抵制综合体　/22

第2章　女孩与社交媒体　/26
　　　　社交媒体如何引诱女孩：控制力错觉　/29
　　　　缺点：情感过山车　/34
　　　　社会比较：为什么我的人生如此糟糕，别人的人生却如此
　　　　　灿烂　/35
　　　　当社会比较遇上社交媒体　/38
　　　　帮助她理解，别人成功并不等于她失败　/40
　　　　退出登录，审视内心　/46
　　　　在网上撒谎以掩盖痛苦　/48

第3章　女孩的身体羞耻感　/53
　　　　衡量一个女孩：变化中的身体　/56
　　　　被逼分心：对身体的过度思考　/62

肥胖谈话总是发生在朋友之间 /65
镜子镜子，谁是社交媒体上最瘦的人 /70
一个女孩是如何找回勇气的 /74

第 4 章　克服自我怀疑 /80

如果我不聪明该怎么办？打破固定心态 /85
如果我做不到呢？学会设定现实的目标 /93
如果我本不该属于这里呢？冒名顶替综合征 /96
如果这都是我的错呢？对错误做出平衡归因 /101

第 5 章　期待最坏的结果和过度思考 /107

消极想法驱动我前进：防御性悲观 /107
过度思考 /114
共同反刍思维 /121
不带反刍思维的谈话 /124

第 6 章　把自我批评变成自我关怀 /126

女孩们为什么喜欢自我批评 /129
自我关怀的许诺 /131
教女孩们自我关怀 /135
驳斥内心的批评者 /138

第 7 章　对完美的狂热崇拜与压力奥运会 /142

角色超载 /145
完美的女孩，不完美的友谊 /151
压力文化的新规则 /153

压力奥运会 /155

淡定的女孩不需要帮助 /158

不好也没关系 /162

第8章　Control+Alt+Delete：改变人生航向的好处 /170

坚毅并不总是好的 /172

承担起自己康复的责任 /178

过渡危机时期的教养方法 /181

她需要你说什么 /184

弯路成为正途 /187

第9章　我们无法给孩子自己没有的东西 /191

记住她仍在看着你 /193

示范脆弱感 /195

记住，在任何年龄发脾气都是使性子 /197

改变灾难化导向 /199

提醒她问题的关键并不总是在于她 /202

练习自我调节 /203

教会女孩泰然应对不确定性 /207

养育你拥有的女儿，而不是你希望拥有的女儿 /208

你已足够好 /212

第10章　毕业季的耳光：大学毕业后的生活 /213

大学毕业后的生活从不会沿一条直线展开 /217

每一步都会在某些方面是好的，但几乎从不会在所有方面都是好的 /219

从性别歧视到种族主义，职场中充满了无法控制的变数　/221

　　牵手的日子结束了　/222

　　再出色也得端咖啡和接电话　/224

　　社交媒体是精心策划的假象，每个人都会在不同时期遇到
　　　难题　/225

　　大学毕业后生活的积极面　/226

结语　最亲爱的女儿：向内心寻找力量　/229

致谢　/233

参考文献　/235

"女孩，你已足够好"父母阅读指南　/250

INTRODUCTION 导 言

她还不够好

今天，女孩们拥有史无前例的成功机遇。我们的女儿所成长于其中的这个世界，不受她们的母亲当年所面临的种种限制的束缚，而她们的外婆甚至没有意识到这些限制。女孩们是不断打破玻璃天花板，热衷于自拍的世界改变者。在过去的 20 年里，我的工作就是教她们，研究她们，和她们住在一起，并且聆听她们的倾诉。

在所有这些成功的表象之下，有一些令人不安的事情在酝酿。有些女孩因为学业而焦虑不安，以至于夜里无法入眠。比如，有个年轻的女中学生过分痴迷于刷新学校的在线评分系统——放学后刷，体育锻炼后刷，晚饭后刷，睡觉前刷，早上醒来的时候再刷一次，她几乎每分钟都在计算自己的 GPA（平均绩点）。

有些女孩爱在考试结束后聚在一起，每个人都争先恐后地告诉大家自己考得有多差，因为预测失败会让她们感觉更好些，而当她们的成绩低于 A- 时，她们就会崩溃、悲恸欲绝。有一个女孩发布了一张自拍照，然后就不断地刷新动态，最终因为担心照片得不到足够的关注而删除了它。还有一个女孩，上课时听不到老师说话，因为她的脑海里一直有个声音在问："你午餐是不是吃得太多了？你的大腿搁在椅子上是不是显得太胖了？"

今天，对太多的女孩而言，获得成就的动力来自残酷的自我批评和担心自己会失败的焦虑。我们正在培养一代在试卷上或许表现得很出色，但在生活中常常感到焦虑和不知所措的女孩。她们觉得不管她们怎么努力，她们永远都不够聪明，不够成功，不够漂亮，不够纤瘦，不够讨喜，不够性感，或是在网上谈吐不够诙谐。不管她们取得了多大的成就，她们都觉得自己还不够好。这本书要探讨的就是如何帮助你的女儿重新定义成功，并明智、合理地追求成功，而非牺牲她的自我价值感，以便让她在一个往往并不完美的世界中，成长为一个健康、完整的人。

我们的文化正在向女孩们传递关于成功的有害信息，而我们正在见证压力如传染病一般蔓延，在内心深处吞噬着她们。这已经悄然成为她们、她们的学校和她们的家庭所面临的一种心理健康危机。如果我们不敲响警钟，这种危机只会进一步恶化。

数据令人震惊。根据琼·特温格（Jean Twenge）在其著作《i世代报告》(iGen)中引用的"未来监测"调查数据，在2012~2015年间，女孩的抑郁症状增加了50%，增幅是男孩的两倍多。2015年，在加利福尼亚大学洛杉矶分校一年一度的"合作机构研究计划新生调查"中，来自200多所高校的15万名全日制学生的问卷反馈表明，大学一年级女生的不快乐水平达到了有历史记录以来的最高点。调查报告显示，声称经常或偶尔感到抑郁的女生人数是男生的两倍；表示自己"被必须做的事压得喘不过气来"的女生的人数也是男生的两倍。在短短的15年里，这两类女生的数量猛增了25%。与此同时，认为自己在同龄人中最为争强好胜的女生数量增加了近15%，而男生的数量则几乎没有增长。2017年，一项针对1.2万名五年级到十二年级女孩的全国性调查——"女孩指数"发现，在整个中学期间，把自己描述为"自信"的女孩的数量下降了25%以上。信心指数于九年级时触底，在接下来的中学期间，一直没有增长。对于这些女孩来说，成功并非救命稻草。那些GPA高于4.0的女孩最不可能说出自己的想法或是反对他人，因为她们想被人喜欢。由非营利组织"掌控自我体验"的丽莎·辛克尔曼博士（Lisa Hinkelman）领导的这项调查显示，在女孩们的自信心急剧下降的同时，她们改变自己外表的渴望则在急剧上升。

的确，女孩们从未像现在这样成功过，但她们也从未像现在这样痛苦过。女孩们的能力不等于她们的自信，也不等于她们的幸福、适应力或自我价值感。

每年，我在美国各地给成千上万名年轻女性上课。我的大学学前培训课程帮助新生过渡到大学生活，并摆脱中学时代遗留的影响。作为史密斯学院的领导力发展专家，我为女本科生开设了研讨班，培养她们的适应力、自我关怀和自信心。在这一学年中，我花大部分时间前往全国各地的中学与大学，与学生、家长及老师们进行合作。此外，我在纽约休伊特学校担任驻校学者，我的工作是将对女孩的研究纳入课程开发、学生研讨班和家长教育。

我厌倦了那些吹嘘女孩们成功的头条新闻，似乎好分数和上大学就是美满人生的标志。现在也该摈弃所谓的"神奇女孩"的神话了。我们让那些肤浅的标准影响了我们对女孩们表现的判断。当我聆听女孩们谈论她们如何取得成功，为什么取得成功，以及她们的身体、心灵和思想为之付出了什么代价时，第一个浮现在我脑海中的词并不是"成功"。我们早就知道低收入家庭的女孩在健康方面面临多重风险，但新的研究发现，富裕家庭的青春期女孩也脆弱得惊人。根据来自富裕郊区女高中生的报告，她们吸烟和吸食大麻的比率几乎是正常比率的两倍。从抑郁和焦虑到身体羞耻感（body shame），她们比其他任何美国青年群体都表现出更多的适应问题，而且这些问题跨越了更多的领域，尽管如此，她们仍在逼迫自己取得成就。

为什么女孩们会陷入痛苦的挣扎？心理学家认为原因是"角色超载"（role overload），即一个人要扮演太多的角色，以及"角色冲突"（role conflict），即你所扮演的各种角色的义务发生了冲突。众所周知，这两种情况都会导致高水平的压力。在所谓的女权时代，我们未能打破那些倒退得最厉害的女性成功标准，代之以更进步的标准。相反，我们把越来越多的期望添加在我们希望女孩们拥有的、已经不胜枚举的一大堆品质之上。

杜克大学的苏珊·罗斯（Susan Roth）写道："今天的女性必须按照传统男性的成功标准在教育和职场方面取得成功，她们也必须按照传统女性的美丽标准（更不用说母亲标准）取得成功。"女孩们必须成为超人：雄心勃勃，聪明上进，身体健康，漂亮性感，社交活跃，擅长运动，友好体贴，人见人爱。正如考特尼·马丁（Courtney Martin）在《完美的女孩，饥饿的女儿》（*Perfect Girls, Starving Daughters*）一书中所写的："女孩们在成长的过程中被告知她们可以成为任何人，但也被告知她们必须做到所有事。"

因此，美国女孩那种"凡事皆有可能"的心态最终演变为一场心理健康危机。一门心思致力于让女孩们能够获得所有机会似乎恰恰起到了相反的效果：在抑郁、焦虑和自信指标方面高达两位数的性别差异。2016年，有史以来第一次，有超过半数的大学新生将他们的心理健康状态描述为低于"平均水平"。自2011年以来，同意"我做不好任何事"这一说法的青少年人数激增。我们每周七天，每天24小时不间断追求成功的文化促使女孩们不惜以牺牲其他的一切为代价去获取成就，其中包括能赋予她们自尊和适应力以滋养她们心灵的重要人际关系。

具有讽刺意味的是,信奉成就而非情感依恋不仅威胁着女孩们的心理健康,也威胁着她们取得成功的能力。不懈地追求成功使女孩们不愿去冒合理的风险,不能成为富有创造力和独创性的学习者。这剥夺了女孩们的勇气,遏制了她们弄清楚自己是谁以及什么对她们而言最重要的能力的发展——恰好就在这一发展任务必须完成的人生阶段。

此外还有性别差异的问题,其中许多差异会在青春期加剧。加利福尼亚大学洛杉矶分校的琳达·萨克斯(Linda Sax)将性别差异定义为不同的"价值观、自信心、抱负和行为模式",它们使女孩和男孩的人生迥然不同。这些差异并不是与生俱来的,它们大多是社会化的产物,来自女孩们每天从同龄人、媒体和家庭那里获得的非正式的课外教育。这些规范事无巨细地指导一个女孩应该如何行动,如何装扮自己以及如何说话。

大量研究告诉我们,女孩和男孩不同的培养方式导致女孩的行为、感受,甚至是思考方式都不同于男孩,而且这些不同可能使女孩的青春期具有独特的挑战性。

到六岁时,女孩的焦虑情绪将是男孩的两倍。当一个女孩进入青春期时,她患上抑郁症的概率是她的兄弟们的两倍。她将比自己的男性同龄人更容易感受到压力。她的睡眠时间会缩短。她的自尊心会在一系列领域中下降,比如运动、外表和自我满意度。

她的一些抑郁情绪将源自她对自己的一举一动想得太多(我应该在课堂上说那些吗?她生我的气了吗?),这会分散她的精力,限制她解决问题的能力。另一些抑郁情绪将由自我批评引起,女孩更倾向于进行自我批评。还有一些抑郁情绪将由羞耻感导致,这是一种不可动摇的、觉得自己不值得被尊重的感觉,这种感觉在青春期出现并会伴随她进入成年期。到了青春期晚期,她的自我同情将下降至所有青年群体中的最低水平。

在此期间,她的身体会发生变化,这可能会令她感到不适并自我挑剔。男孩的青春期会赋予他多肌肉、少脂肪的理想身材,而这正是社会文化对他的要求。与之形成对照的是,女孩在青春期平均会增加 40 磅[⊖]体脂。她将被无情地剥夺纤瘦的理想身材,而她周围几乎所有人都要求她合乎这一理想。她将会进行自我物化,或是过度的身体监控(我看起来还好吗?瞧我肚子上的肉),而这一切又与饮食失调、抑郁、身体羞耻感、学业问题、人际关系受损息息相关,甚至会令她减少参与大学校园政治活动。

如果她出身富裕家庭,那么她对身体的不满意程度将超过同龄人三个标准差,这是一个非常大的差距。她将更可能陷入抑郁、焦虑、具有攻击性和青少年犯罪等问题当中。此外,她对任何一个青年群体表达出来的羡慕程度也是最高的,据研究人员推测,这是由"总是做不到尽善尽美的挫败感"引起的。专门研究这些女孩的研究人员称他们的发现"特别令人不安"。

当她点击手机时,她将更有可能访问 Instagram 或 Snapchat 这样的视觉平台。在那里,她将感受到一种压力,即必须通过精心策划的视频和图片流构建一个身体上完美、社交上超级活跃的数字生活图景。

如果她被认为是一名高成就者,她就更容易将哪怕是微不足道的失败解读成她不聪明的标志。这种心态会促使她逃避合理的风险,把挫折视为重大灾难,甚至诉诸作弊的手段。随着她的 GPA 上升,简历逐渐变得更丰富,她可能会患上"冒名顶替综合征",认为自己是一个骗子,只是还没被发现而已。

⊖ 1 磅 =0.45 千克。

当她进入大学以后,她将更有可能认为自己在几乎所有智力指标上都低于男性(尽管男性和女性在实际能力上并无明显差异)。在整个大学期间,她将得到较少的锻炼机会,但是会比男性同龄人更多地进行心理咨询。在大学里,她有 1/4 的女性同龄人会受到性侵犯。

当她走上毕业典礼的舞台去领取毕业证书时,她不仅可能比排在她身后的男生更没有自信,而且也可能比刚上大学时的她更没有自信。2012 年,波士顿学院公布的数据显示,该校女生毕业时的自信程度低于进校时,男生则变得更加自信。焦点小组⊖告诉管理者,外貌压力、勾搭文化(hookup culture)以及住宿抽签(倾向于以"刻薄女孩"⊖的方式将女性驱逐出宿舍套间)是罪魁祸首。毫不奇怪,管理者对这些发现表示震惊,因为"这不像"他们在课堂上和校园里接触到的看似自信的女性。

我们早就知道,随着女孩们进入青春期,她们的自尊会下降。心理学家称之为全球性"失声",这是一个通常出现在青春期到来的前一刻的残酷事实。在她们还是小女孩时,她们可能异常顽强、充满活力、性格固执、有说服力,但在关于年轻女性的不成文规则的潜移默化的影响下,这些一度勇猛激烈的声音弱了下来,甚至陷入沉默。她们懂得了做一个"好女孩"意味着什么:取悦他人,保持"友善",以及遵守规则。在课堂上,"我认为是这样的"被一种"我不确定这是否正确"的踌躇取代,"哦,是的!"被不温不火的"我猜"取代,"我想要"被"我不知道"取代。曾经喜欢跳跃和跨坐的她们变得内向收敛。

⊖ 由经特别挑选的一小群人组成,以进行专项讨论,其观点可代表大众,用于调查研究。——译者注
⊖ "刻薄女孩"一词可能源于 2004 年上映的美国青春电影《贱女孩》(*Mean Girls*),该电影反映了校园女孩文化遵循弱肉强食的丛林法则的一面。——译者注

为了得到他人的喜爱，她们学会把愤怒、失望等强烈、真实的情感给锁起来。要友善，要多多微笑，要多交朋友；用你真实的想法和感受交换人际关系。结果，正如《复活奥菲莉亚》(Reviving Ophelia)和《在十字路口相遇》(Meeting at the Crossroads)等书在20世纪90年代向我们展示的那样，她们失去了自信心，并更加努力地追求完美。

在我职业生涯的大部分时间里，我都确信这是阻碍女孩们充分发挥潜力的原因。如果女孩们能打破内心的"好女孩"枷锁，如果她们能直抒胸臆、自我推销，占据自己应有的位置，那么一切都会好起来。2009年，我在《好女孩的诅咒》(The Curse of the Good Girl)一书中写道："仅仅为女孩们打开门是不够的。我们还必须给她们信心，让她们迈过门槛。"

但我现在改变主意了。告诉女孩们她们需要培养更多的自信心，这只是强加给她们又一条准则：她们必须解决它，必须为之努力，必须做得比别人更好。同样地，说女孩们感到痛苦是因为她们"太完美主义"了（我在为撰写本书进行研究时经常听到这样的论断，不仅来自成年人，还来自女孩们自己）这只是一个简单化的借口，可以让所有人都摆脱困境，除了女孩们自己。这两种思维都会让女孩们觉得自己有问题，而事实上我已经认识到我们的文化中存在着很严重的问题。在过去的十年里，社交媒体的兴起、大学招生热潮的到来，以及越来越残酷的瘦身压力，以近乎惩罚的方式使女孩们的成功规则变得更为严苛。作为一名教育者和研究者，我目睹了这些文化力量向女孩们传递的一系列有害信息，它们与女孩们独特心理中最脆弱的部分发生冲突，破坏了女孩们的自信、真实自我的发展。

今天，一种新的、同样有害的交易正在被提供给女孩们，尤其是那些能获得学校教育、父母养育以及其他资源以争取进入四年制大学的女孩。如果说她们曾经以真实的想法和感受为代价换取人际关系，那么现在她们会以与同龄人的亲密关系为代价换取比同龄人表现得更优秀的快乐。她们放弃了好奇心和真正的兴趣，以换取狭隘的、外在的成功标志。她们知道，她们所取得的成就必须看似手到擒来、水到渠成，需要帮助就意味着无能，同龄人都是她们的竞争对手，成功意味着在所有领域成为明星，并站到最高处。如果说女孩在接近青春期时曾被告知"要做一个'好女孩'必须如此"，那么她们现在又被告知"要成为一名'超级女孩'就得这样"。"超级女孩"是新的底线：如果当不了超级女孩，你就什么都不是。

2014年，哈佛大学的"普及关爱"（Making Caring Common）项目要求一万名美国初高中学生选出自己心目中最重要的事情。超过80%的学生选择了高成就或个人幸福，只有20%的学生选择了关爱他人。学生们认为自己的利益高于公平。这项研究在一定程度上揭示了个人主义伦理观在美国家庭中日益增长的影响力，这种伦理观最注重的是向上层的流动性、独立性以及成功的各种外在标志，并将物质财富与幸福联系在一起。

人际关系对于健康发展而言并非可有可无，而是健康发展的基础。与同龄人和成年人建立亲密而真实的关系能够让女孩们有勇气去尝试新事物，表达自我，并勇敢面对失败。50年来，我们已经知道女孩们的自我认同发展与她们的人际关系密切相关，她们会通过与他人的联系来发展自己的价值观、人生目标和自我价值感。这主要与女孩们的社交方式有关：几乎从她们出生的那一刻起，她们就学会了照顾别人，并且在很大程度上依赖他人的反馈。

但是，关于成功的新规则正驱使女孩们为追求某种难以实现的成就而脱离最富有滋养性的人际关系。一个女孩因为恐惧竞争而拒绝告诉密友自己申请了哪所学校，另一个女孩为了在图书馆学习更长时间而总是不去吃饭,还有一个女孩为了取悦父母,去了一所远在数千公里之外的"名牌"大学。她们每个人都将个人抱负置于人际关系之上,而且每个人都放弃了一条通向心理健康的重要途径。

2016年,在两所学生们因压力和紧张的同龄人关系而茫然无措的女子高中里,研究人员发现女孩们缺乏健康安乐感的根源可以追溯到一个"普遍的信念",即高职场地位和高经济收入会带来幸福。女孩们一直从父母和媒体那里获得这些信息。心理学家写道,正是"巨大的绩效压力"威胁着女孩们,使她们无力去发展可提供重要社交支持的人际关系。

传统心理学告诉我们,青春期的目标就是与父母分离并证明我们可以独立生活。我和其他人对这一假设提出了质疑。青少年,尤其是女孩,在与他人保持情感联系时是最富有适应力的。女孩们自己也对此表示同意——2012年的一个研究综述发现,"(对女孩而言)与同龄人保持人际关系的需求,比通过战胜他人来获得成功更为重要"。

认为青少年只希望成年人不要管他们,这种观点是不准确的。2014年,在我帮助非营利组织"女孩领导力"(Girls Leadership)设计的一项研究中,有77%的高中女生说,她们会首先向母亲寻求实现目标的建议;86%的女生说,父母比朋友更能帮助她们勇敢起来。其他研究发现,即使大学生们想拥有更多的自主权,他们也会继续寻求他们心目中最重要的成年人的赞许和认可。

这些是关系文化理论(Relational-Cultural Theory,RCT)的核心理念。关系文化理论最初是由心理学家琼·贝克·米勒(Jean Baker Miller)和艾琳·斯蒂弗(Irene Stiver)定义的,该理论认为,所有人都是在对其最重要的人际关系中获得成长的,而不是通过切断这些关系。促进成长的人际关系让我们能够真实地表达自己的想法和感受,从而使我们感到有能力处理冲突或应对变化。这种人际关系还有助于激发我们的自我价值感。所有这些都能使我们走向成熟和成年。关系文化理论认为与他人分离不是进步性的,孤立状态是导致人类痛苦的一个主要原因。

然而,在过去的十年里,媒体对女孩的报道却与上述理念恰恰相反:最有见识的年轻女性为了追求成功而避开需要做出承诺的人际关系。宾夕法尼亚大学的一位女性告诉《纽约时报》(The New York Times),年纪轻轻就结婚"要么是缺乏抱负的证明,要么是阻碍她事业发展的一个悲剧性错误"。在《男性末日》(The End of Men)一书中,汉娜·罗辛(Hanna Rosin)认为,大学勾搭文化中的性交易行为是女孩们对于人生安排过满的一种精明的应对,这既自由,又不会迫使她们对任何人做出承诺。在这些人的叙述中,人际关系会干扰女孩们实现目标。

事实上,情况恰恰相反。追求抱负的压力正在把女孩们从个体蓬勃发展所不可或缺的人际关系中分离出来。在 2014 年的一项全国性研究中,美国心理学会(American Psychological Association)发现有 17% 的青少年因为压力而取消了社交计划,这是有记录以来青少年的压力水平首次超过成年人。2000～2015 年,几乎每天都与朋友待在一起的青少年人数锐减了 40% 以上,女孩的社交自信度下降度是男孩的两倍。加利福尼亚大学洛杉矶分校 2015 年的新生调查发现,在过去的十年中,声称每周花 16 个小时或更多时间与朋友交往的大学一年级新生比例在十年中下降了近一半,仅为 18%。有更高比例的女性声称她们和朋友相处的时间在减少。

在这个问题上,社交媒体是罪魁祸首。研究代际趋势的心理学家琼·特温格发现,那些每天访问社交网站但与朋友见面频率较低的青少年最有可能认同以下说法:"很多时候我感到孤独""我经常觉得被大家遗忘了",以及"我经常希望我有更多的好朋友"。特温格报告称，自 2013 年以来，青少年的孤独感在稳步上升，现在正处于历史最高水平。

学会做一个女孩是一个历经多年发展的过程。"如果你问满屋子的小学一年级女生'谁是班上跑得最快的人'，大家会齐刷刷地把手举起来。"一位小学校长曾对我说。"她们会说'我是跑得最快的人！'"她继续说，"可如果你问一群五年级女生同样的问题，她们会指向跑得最快的那个人。"

问一群九年级女生同样的问题，收获的则可能是沉默。如果她们指出跑得最快的人，那个人可能会怯懦地微笑，对此加以否认，低下头，或者说"不，我跑得没那么快"。

克莱尔·梅苏德在她的小说《楼上的女人》(*The Woman Upstairs*)中写道，作为一个青春期的女孩，必须"永远不要让别人知道你很自豪，或是你认为自己的历史、生物或法语学得比其他人更好……你必须尽可能放低姿态，这样别人就不会感觉受到你的威胁，就会喜欢你……你绝不能让某些人看清楚你，跟她们说话你得学会另外一整套礼貌的谈吐"。在小女孩身上慢慢发生的那些变化既微妙又深刻。梅苏德写道："当你在精心设计自己的面具时，你甚至都不会想到，它会长到你的皮肤上，然后在那里生根，变得似乎再也揭不下来。"

我们中的很多人在谈论女孩和男孩之间的差异时都会感到不自在，这是有原因的。几千年来，人们相信妇女和女孩有别于男性，也因此认为她们的堕落和受到的不平等待遇是正当的。部分出于这一原因，近年来为实现两性平等而努力的法律界人士认为，女性应该与男性被同等对待，因为她们与男性"确实"是一样的。

呼吁人们关注性别差异会使情况看似比实际更严重。总的来说，女性和男性之间的相似性要高于差异性。强调性别差异会强化阻碍女性发展的破坏性刻板印象，扭曲公众对女性潜力的看法。

如果你是一个青春期女孩的父母或老师,你就会知道她可能和她的兄弟不一样。本书认为,如果我们无视这一差异,我们就无法看到女孩们在这一动荡不安的人生发展阶段的独特奋斗方式,并忽略了支持她们的最有效的策略。

我并不认为性别差异会使女孩的能力不如男孩,但我认为,女孩们和她们的父母都需要特殊的知识、支持和意识来引导她们度过21世纪的青春期挑战,进入成年期。为了在这一阶段培养和教育好一个女孩,我们需要用一种不同的成绩单来评估她的健康和潜力。

本书会给予你两样东西。首先,本书会给你提供一种语言。女孩们面对的很多事情都是无法言表的,但能被深深地感受到。由于无法用语言来描述自己经历了什么,所以她们认为自己孤立无助,更糟的是,她们认为这是自己的错。可一旦你知道某样事物是什么以及它意味着什么,你的心态就会有所转变。以"过度思考"为例。当我告诉女孩们这是什么,它为什么会发生,以及该如何应对它时,她们明显松了一口气。她们认识到,有这些强迫性想法并不意味着她们疯了,这种状况有一个名称,她们可以采取措施去对付它。突然间,她们看到了改变的希望。

其次,本书会提供一些你可以立刻尝试的策略。我是一名教育者。我热衷于把研究成果转化为技能培养课程,这样人们就可以通过上课改变他们的思维和行为方式。我希望你把书中的每一章都看成是一节你和我一起上的研讨课。本书包含了我近十年来关于"女孩和自信"这一课题的研究和教学成果,它也是我成为一个女孩的母亲后所撰写的第一本书。

正如记者詹妮弗·西尼尔(Jennifer Senior)所说,育儿是一种"欢乐而无趣"的修炼:意义重大的时刻与无休无止的日常操劳相比显得黯淡无光,而母亲所承受的负担更是沉重至极。苏妮亚·卢瑟

（Suniya Luthar）和露西亚·西西奥拉（Lucia Ciciola）在2016年的一项研究中发现，从孩子的婴儿期到成年期，在为人父母的所有阶段，在孩子的中学阶段和青少年时期，母亲的幸福感和满意度处于最低点。

女孩并不是唯一在为捍卫自我价值感而奋斗的人。尽管我们花了很多时间尽父母之责（在过去的20年里，父亲和母亲为育儿所投入的时间呈指数增长），但是我们作为父母的信心已经触底。我认为是三种极其有害的文化信息导致我们质疑自己的育儿本能：

1. 你可以完全控制孩子的发展。如果你做不到，那你一定是做错了什么。忘了遗传这回事吧。你所要做的就是阅读正确的书，参加一些讲座，以及研读育儿博客。如果你足够聪明，足够坚定，你就应该能够把你的孩子打造成一个迷你版超人。如今，一个由育儿专家组成的作坊式小产业（是的，罪名成立）正在向人们暗示他们掌握了父母们所不知道的答案，并且在这一过程中让父母们丧失了与生俱来的自信和权威。正如杰西卡·拉希（Jessica Lahey）在《失败的礼物》（The Gift of Failure）一书中所写的那样，育儿已经从每个人都拥有的本能转变为"一门需要钻研和学习的技能"。

2. 作为父母，你永远都不够好，你做的永远都不够多。尽管被告知我们无所不能（或许也正是因为如此），但我们总是因为担心自己是不合格的父母而惴惴不安。这种不安驱使我们与他人竞争，并且将其他父母的缺点看作我们自身优势的无声标志，反之亦然。拉希写道，这也促使我们去"永远陪着孩子，永远帮助孩子，永远提醒孩子，永远拯救孩子"。

3. 孩子的成功或失败定义了你。父母对孩子的起起落落不可能不感同身受，如果有人告诉你不必如此，那这个人很可能没做过父母。我们大多数人都把大部分精力、资源和心血倾注到孩子身上,只要他们还活着,就不会停止。可是一旦越过了某个点,这么做就会对父母的心灵造成极大的摧残,就像一种观念说的:"随着我的孩子离去,我作为父母和人的价值感也消失了。"这一荒诞的观念使我们的自我固守在孩子的日常生活中。拉希说,它也促使我们把孩子安全、成功或快乐的时刻理解为"育儿成功的证据"。

要想成为更好的父母,你必须接受一个既定条件,即总是存在一些你无法控制的因素。尽管在最糟糕的时刻你可能会自责,但你并不是唯一要为你女儿的痛苦负责的人。这就是为什么本书的第一部分致力于探讨文化是如何改变并加剧女孩所面临的挑战的。

针对这一课题,我提出了两个问题:什么会破坏女孩的自我意识?在面临挑战时,又是什么在支撑着她?我把这个工作想象成我正在研制的菜谱(烹饪正好是我的最新爱好)。我想采集到信心这种"配料"。这本书就是那份菜谱,每一章都是一种配料。我发现,要想成功地"烹制出一个女孩",你需要清楚对她不利的因素,也需要了解怎样才能让她变得坚强。每一章都会在一开始列出你女儿在某个特定领域可能面临的挑战,然后是一步步的指导,教你如何引导她渡过难关。

为了撰写本书,我采访了96个女孩,年龄几乎都在15~24岁。24岁是青春期结束的年龄,因此,我始终把她们称为女孩。这些女孩大多属于中产阶级,来自高质量的学校。我的一位受访者出生时被认为是女性,后来被确定为"非二元性别"⊖(nonbinary)。大多数采访都采取了一对一的形式。大多数女孩就读于美国东北部的三

⊖ 又称性别酷儿(gender queer),指超越传统意义上对男性或女性的二元划分,不单纯属于男性或女性的自我性别认同。——译者注

所大学：一所是住宿制小型精英大学，一所是以走读为主的大学，还有一所是大型州立大学。其中的两所学校都是女子大学。

通过同事介绍和我自己的旅行经历，我认识了一些高中生，她们大部分来自东北部，就读于男女同校的公立和私立学校。接受采访的研究生我也是这样认识的。我还采访了40多名成年人，包括家长、研究人员、大学和高中的行政人员以及学校辅导员。1/3的受访女孩是有色人种。为了便于阅读，只有当女孩们在采访中提到其种族与其经历直接相关时，我才会标注她们的种族身份。本书的附录包含书中提到的每个女孩的更多信息，为了保护她们的隐私，本书使用的是化名。

在我所有的书中，都是女孩们的声音在指引着我（此外，为了便于阅读，当她们说话时"嗯"的次数太多时，我删去了她们的一些陈述中"嗯"这个词）。在我撰写本书的两年时间里，她们在Snapchat和Instagram上，在我的办公室里，在她们的宿舍里和美食街上，通过电子邮件、视频聊天和短信与我交流。她们告诉我什么时候我想错了，什么时候我说出了她们的心里话。这些声音帮助我认识到，教会女孩们公开表态和掌握生活的技能，只是我们帮助她们茁壮成长的一部分。幸福人生的本质不仅仅在于做更多的事情，取得更大的成就，也不仅仅在于只依靠自己活着。我们需要投入同样的精力教会女孩们自我同情和正念的技能，这样她们才能克服反刍思维和小题大做的倾向，以健康的心态去应对失败。我们需要帮助她们去反驳有害的文化，并告诉她们成功不仅仅是一堆大学简历和滤镜后面的Instagram照片。我们不仅得帮助女孩向前迈步，还得帮助她们获取内心的力量。

不管女孩们会从父母那里听到什么，会在学校里了解到什么，总之收入和学业成绩并不能决定她们的幸福感或生活满意度。物质主义也不能。不管你属于哪个收入群体，完全专注于这些东西都会降低你的生活满意度。情感健康才是最重要的。我希望女孩们把自我关爱放在首位，去培养对她们来说最重要的人际关系，在努力取得成功的同时努力寻求支持。

成功本身并不是女孩们的问题所在。女孩们的问题在于人们期望她们以何种方式去追求成功：她们认为自己必须遵守的规则，她们在成功和失败的过程中对自己的信念，以及她们因此而养成的习惯和价值观。这些习惯，包括思想和行为两方面，随着女孩们进入年轻的成年期而被习得。这时候，她们开始做自己的第一份工作，第一次踏上领导岗位，努力弄清楚自己是什么样的人以及想成为什么样的人，并且学习如何做一个成年人。她们在这一成长期学到的东西可能会伴随她们一生，因此，青春期晚期正是我们可以帮助她们养成终身健康习惯的时机。

女孩们应该能够在不牺牲自己的情况下取得成功。我们必须给予她们培养强烈自我意识的工具，这样她们就可以满怀信心地说："我现在这样已经够好了。"如果我们能做到这一点，她们的人生就会变得更美好。

ENOUGH AS SHE IS
第 1 章

大学申请产业综合体

你必须比所有人优秀,甚至是你自己。

——艾莉森,17 岁

中产阶级的孩子自长大到能够理解大学是什么的那一刻起,就进入了一个我称之为"大学申请产业综合体"的有害系统。这是一个由焦虑的父母、使人着迷的在线评分系统、大学咨询以及"如果 SAT[⊖]考砸了我的人生就完了"恐惧症组成的大旋涡。该综合体要求学生们在所有事情上都表现出色,这样他们才能把自己打造成值得被大学录取的完美样本。

这是一场令人筋疲力尽的比赛,目标只有一个:被顶尖大学或学院录取,最好是提前录取。在这个系统中,你必须让人赞不绝口,否则你就会感到灾难将至。"饥饿游戏"的心态出现在最有

[⊖] 指学业能力倾向测验(scholastic aptitude test),是美国高中生升入大学必须通过的测验。——译者注

抱负的群体中，在这里，学生（及其父母）将同龄人的成功理解为对自己的威胁。这里的赌注高得不可思议，它在暗示，如果你在17岁时还没有发现一颗新行星或治愈一种疾病，那么你不仅不够卓越，而且还很平庸。就连中学生也开始觉得，他们的生活全是在朝着某个特殊的日子努力，在那个日子他们将听到自己所选择的大学说"Yes"或者"No"。

在外界看来，女孩们似乎是这个竞技场上的健将。但在过去的十年里，在我与女孩、家长和老师的合作过程中，我看到了一种与这种观点截然相反的情况。大学申请加剧了女孩们已经呈现出来的脆弱性：害怕失败，没有自信，以及渴望取悦他人。对大学录取的焦虑困扰着女孩们心理上最脆弱的部分，侵蚀了她们在青春期及以后的岁月中茁壮成长所需要的宝贵资产。本章讲述的是大学招生狂潮对女孩的独特伤害方式，以及如何保护你的女儿免受其最有害元素的伤害。

斯坦福大学教授卡罗尔·德韦克曾说过："如果人生是一所没有终点的学校，那么女孩会统治世界。"她的意思是，学校提供了一种有利于女孩茁壮成长的井然有序、有章可循的环境：在教室里，大家要遵守发言秩序，当你回答正确时会受到表扬，要做整洁的笔记，要按时交作业。这可能是大学里的女生多于男生的原因，也是女生成绩更好的原因。可问题在于，这些行为往往会对女孩产生适得其反的效果。想把每件事都做得恰到好处会导致危害性极强的完美主义，对失败的恐惧，以及在面临挑战时缺乏适应力。

大学招生狂潮的到来就是为了利用女孩们的这些特点。她们在申请过程中学到的东西会在她们的驱动力、目的感和自我价值感上留下持久的印记。女孩们带着自中学沿袭下来的观念来到我的大学办公室里,这些观念在她们进入大学以后,甚至是在更远的将来都一直折磨着她们。

我花了近十年时间教年轻女性抵制来自该综合体的最具破坏性的信息,现在我要在这里和大家分享经验。但我要提醒你,很多女孩在谈话时会带着一种合理的玩世不恭(这只是个游戏,我必须加入)和阴阳怪气(哦,这么说你不希望我去上一所好大学喽)。我不怪她们,这只是一种自卫方式。

你只管说下去,即使她不同意,她也仍然在聆听。当我和全国各地的父母讨论如何帮助他们身陷综合体中的女儿时,我说的第一句话和最后一句话都是:在你的女儿和她接收到的信息之间,你是最有力的缓冲。她的学校无法与那些信息抗衡,她的同龄人无法与那些信息抗衡,你的声音可能是她听到的唯一的理性的声音。苏妮亚·卢瑟敦促父母保护自己的孩子免遭这一综合体伤害,就像市中心贫民区的父母努力保护自己的孩子免受帮派暴力伤害那样。

仅仅告诉她不管怎样她都能进好大学,无论去哪里她都会很快乐,是不够的(尽管这两者可能都是真的)。女孩们希望你了解她们压力的根源,希望你愿意就这些问题与她们交流。

信息: 凡事皆须追求卓越

后果: 自我价值感降低和持续的压力

追求卓越所带来的持续的压力将不可避免地让你的女儿觉得自己不够格。她永远不会体会到跨越终点线所带来的满足感,因为总是还有另一场比赛要跑。她也不能停下来喘口气,欣赏风景。她接收到的信息既是安慰也是警告,即其他人都比她更辛苦;大学招生的现实是非客观的、混乱的、令人心碎的,即使你的简历近乎完美；竞争已经达到了史上最激烈或最具威胁性的程度。

一位高中生冷冷地对我说："你必须比所有人优秀——甚至是你自己。"就在那一刻，"我做得还不够"的感觉迅速转化成一种根深蒂固的信念，即"我还不够好"。16岁的丽贝卡告诉我："我总是在评判自己。我的脑海里有一个小小的声音一直在说'这件事你可以做得更好，那件事你可以做得更好'。这对我造成了很大影响。"

当你内心的起点充满"被亏欠"感时，你就无法为你所拥有的一切而心怀感激。16岁的莉莉告诉我："我并不重视我目前已拥有的东西，因为我总是在为别的什么东西而奋斗。如果我总是对自己那么苛刻，总是强迫自己去追求更好的东西，那我怎么可能为某一刻的成就感到高兴呢？"

虽然有的事情在你看来是不言而喻的，但是你的女儿需要听到你亲口说：没有任何正常人能够在每件事上都表现出色，而且他们也不应该有这种期望。如果她事事做得尽善尽美，她的人生就会是幸福健康的吗？请注意，在追求完美的祭坛上，被牺牲的东西是自我价值感，是好奇心和探索欲，是业余爱好，是睡眠。要勇于质疑外界强加给她的标准，并让她知道你拒绝接受那些标准。

和她一起反思你们的家庭价值观。这时候，你们要讨论一些全局性的问题，关于这些问题，你们的家庭已经用自己的生活方式给出了答案：在工作中，是出人头地更重要还是找到工作的意义所在更重要？你们的家庭如何定义"成功"？拥有美好的人生意味着什么？是与家人共度的时光吗？还是信仰？服务？终身学习？旅行冒险？文化活动？培养人际关系？完美的 GPA 和围绕学习制定的时间表可能会让她进入自己理想的大学，但代价是什么？从一家人的角度叙述你们的主张，将你们的主张与她在外面的世界听到的说法进行对比。

每天吃早餐时，或者是在任何你们共度的固定时间里，培养一种感恩的家庭习惯。你们只需简单地说"今天，我感恩，因为太阳出来了""我感恩，因为我很健康""我感恩，因为今晚能见到我最好的朋友"。如果你没和女儿在一起，就给她发短信或是打电话做这件事情。提醒她拥有什么，有助于减轻她对自己所没有的东西的渴望。

信息：避免新的冒险，特别是在你可能失败的事情上
后果：好奇心、探索欲和合理的冒险行为减少了

我遇到的女孩们告诉我，高中是一个让你对已经知道的事情有更深认识的时候，而不是提出新问题的时候。新的冒险可能会让你在招生委员面前显得很业余。"到了九年级，你人生的实验期就结束了。"16岁的艾米丽告诉我，语气中不带丝毫讥讽，"你必须知道你今后想做什么，因为一旦上了高中，你想开始尝试任何新东西都太晚了，你已经太老了。"

事实上，当她们从事一项新活动时，许多学生只会问自己一个问题："这会让我的大学申请表变得更好看吗？"而"我真的想研究这个吗"以及"我对此感兴趣吗"诸如此类的问题则无关紧要。这个时候正是一个女孩应该去探索，去追求她不断发展的兴趣，为发现自我而冒险的时候，但在这个综合体中，她听到的却是相反的声音：安全第一；术业有专攻；放弃你热爱的东西，以换取看上去很棒、感觉很安全的东西。

这么做的代价是，合理的冒险行为急剧减少。冒险的能力，即去尝试可能失败的事情，敢于直面不可预知的结果，向自己证明自己比想象中更坚强、更勇敢，是自信的核心要素。它也是一

种力量。当她停止冒险时，这种力量就会减弱，她的自信心也会随之萎缩。

帮助女孩们逃避合理冒险的做法已经泛滥成灾。这一领域的性别差异十分突出。詹姆斯·伯恩斯（James Byrnes）和他的同事对150项研究进行了再分析，结果发现男性在几乎所有类别中都更愿意冒险。值得注意的是，最大的性别差距出现在是否愿意在与学业或工作相关的领域冒险。

汉娜在高中时是个充满热情的积极分子，她热爱自己所从事的创意写作和在当地的实习工作。"我总觉得一定不能搞砸，一定要尽我所能做到最好，要把我喜欢的事情做完美，"她对我说，"这使我无法专注于探索和享受。"

大学申请产业综合体确实可以把学校教育变成一种指向某种目的的有效手段。17岁的艾莉森是纽约一所公立学校的高中生，正在等待一所常春藤高校的提前录取结果。她在班上表现优异，但除与上大学有关的事情外，她在教育的其他方面几乎没有任何投入。她不能上自己喜欢上的课，比如木工课和诗歌课。她所做出的牺牲让她愤愤不平。"如果我进不了一流的大学，那这一切有什么意义？"她生气地对我说，"如果进不了好大学，那么一切都是白辛苦。"这整个过程让人感到"悲哀和可怜"。

当我问她大学是否可以成为她追求自己真正在意的东西的地方时，她冷笑不止。"我很想去学我真正想学的东西，"她告诉我，"但现实情况是，你得上小学，这样你才能在初中取得好成绩，然后你才能在高中取得好成绩，然后你才能上一所好大学，然后你才能在一所好大学里取得好成绩，然后你才能找到一份好工作，然后你才能赚到很多钱，然后你才能生儿育女，以便让他们在小学取得好成绩。等我退休了，我才可以开心地玩。"

这不是一次轻松的谈话。毕竟，对于一个女孩来说，担心自己的大学申请书看上去是否优秀，是很正常的。但是，她人生中所谓"应该"和"必须"做的事必须与她真正在意的追求保持平衡。她不能让对表象的痴迷主宰她的生活，否则她就会在学习和生活中彻底失去快乐。

问问你的女儿，她是否感到有压力——迫使她选择成功而不是挑战的压力。如果她有勇气说是，请向她表示同情。她可能只是在做她认为要在这一综合体中取得成功所必须做的事情。继续问她：她选择上某门课是因为她真心喜欢，还是因为她认为她应该上？她认为生命中有哪些东西比上理想的大学或取得好成绩更重要？

负责招生的院长越来越厌恶那种半瓶子醋申请书。"任何孩子都不应该拥有一份六页纸的简历。我们认为这并不值得称道。"史密斯学院的德布拉·谢弗（Debra Shaver）对我说。令人目眩的夏令营经历很少能打动她或她的团队。"我们在意的是对某一事情的深度参与。我喜欢那种当了三年舞会清扫委员会主席的孩子，"她说，"还有那种拥有兼职工作的孩子。"

2016年，哈佛大学的"普及关爱"项目启动了一项为期两年的计划，旨在重塑大学招生流程。"扭转潮流"计划已经招募了来自全国各地的100多名院长（包括耶鲁大学、麻省理工学院和凯尼恩学院的院长），目标是拓宽招生标准，优先考虑合乎伦理规范的参与行为，削弱外在成就的影响力。

如果没有上大学的压力，你的女儿会如何安排自己的时间？衡量此类谈话是否成功的标准并不是让她的行为或学习过程发生180度的转变，而是让她花时间思考她真正在意的事情，并且肯定你们是一家人的事实。

如果她说你是伪君子呢？既然你一直在敦促她为上大学而刻苦努力，你又如何教育她应该勇于冒险？答案是，两种态度都可以是正确的——你可以希望她按照社会的既定标准取得成功，同时也告诉她你的价值观不能接受这些标准中的哪些理念。这不是一种非此即彼的选择：你既不是那个综合体的奴隶，也不是激进的离群者。她可以很灵活，如何以及何时妥协或反抗取决于她本人。

你的工作是引导谈话。偶尔，当你不同意她的想法时，你要尽力忍耐，保持沉默。她的某些选择你会很乐意支持，但要尊重她的另一些选择就比较艰难了。作为家长，你也有权利改弦更张。你或许会发现你太急于求成了，甚至变成了那个综合体的代言人。你可以把这一发现告诉你女儿，如果你这样做，她会更尊重和信任你。你可以把抵制综合体看成你们俩共同的旅程。清楚了解自己的价值观将使你们俩变得更健康、更完整。

奖励她去冒险。如果她因为感兴趣而想尝试一门很难的课，就让她去上。当我的学生面临挑战并担心自己拿不到高分时，我会问他们：在这种情况下，你能获得的最低收益是什么？当然，我知道他们想在考试中得到 A 或是任何代表他们成功了的东西。他们从这次经历中至少能得到什么呢？是学到新东西吗？是增强自己的应试能力吗？跟你的女儿聊聊这个问题。如果她能在自己的目标成绩之外找到一些有价值的东西，那么就算成绩不理想，她也很可能表现得更坚强。最重要的是，要有长远的目光。她很容易对上大学形成一种狭隘的看法，并把这个目标放在所有计划的中心位置。要抵制住诱惑。目光短浅的选择会带来长期的后果。从高绩效的角度来衡量每一个决定，会让她走上一条狭隘的道路，这可能会在日后对她产生令人痛苦的影响。

19 岁的凯西曾就读于缅因州的乡村学校，那时候她加入了三只校运动队，是学生议会、学生自治会和校民权小组成员。父母离婚后，她的母亲搬到了附近的一个镇子。"你想过来吃晚饭吗？"母亲过去经常问她，但凯西会因为工作繁忙而推掉母亲的邀请。

今天，凯西对我说："我感到内疚，因为我今后再也不能经常回家了。我真希望能回到过去。"她母亲当初应该更强硬些吗？即使如此，凯西也可能不会听她的，但这条信息会被凯西记住。对于你采取的强硬姿态，孩子们可能要过许多年才会明白你的苦心。回想一下你自己的父母当年让你做的一些你当时厌恶但现在却要感谢他们的事情。在面对女儿的抗拒时，要善于坚持。

信息： 你的成绩比你学到的东西更重要

结果： 失去内在动机

那些更多地基于表象而不是真实欲望做出选择的女孩放弃了一项重要的学习资源：她们的自主性。自主性是内在动机的一个核心要素，它意味着你之所以学习，仅仅是因为你喜欢。研究人员认为，自主性可能是学习者最宝贵的资源。有内在动机的人在面对挑战时更富有适应力。他们没那么焦虑和沮丧，过劳程度也较低。他们有更好的人际关系、更好的成绩、更高的心理健康水平，而这些仅仅是众多益处中的几例。

当我们可以不被监督地自由学习时，我们的学习欲望最强烈。当我们怀疑有人试图通过外部激励（比如，提供奖励，威胁说要施以惩罚，或给予某种表扬）来控制我们的表现时，我们的内在动力就会减弱。

丹尼尔·平克（Daniel Pink）在他的新作《驱动力》(*Drive*)一书中分享了能证明上述观点的最著名的研究之一。研究人员将学龄前儿童分为三组：第一个是"期望奖励"组，孩子们被告知，如果他们用马克笔在纸上画画，就能获得荣誉证书。第二个是"意外奖励"组，孩子们被要求画画，下课时，如果他们喜欢，研究人员可以给他们荣誉证书。第三个是"无奖励"组，孩子们被问是否想画画，但是既没有人许诺要给他们奖励，最后也没有人向他们发放奖励。

两周后，老师们在自由活动时间拿出纸和马克笔。"意外奖励"组和"无奖励"组的孩子画得和先前一样积极、一样热情。而那些获得过奖励许诺的孩子则表现出较小的兴趣，花在画画上的时间也较少。这些孩子的自主性已经被破坏了，他们选择是否愿意画画的自由已经被提供奖励的控制手段给削弱了。

动机研究领域的先驱爱德华·L. 德西[⊖]（Edward L. Deci）和理查德·M. 瑞安（Richard M. Ryan）教授称，女孩的内在动机更容易受到奖励或惩罚的影响。由于成年人教育女孩适应社会就是取悦他人，因此她们往往更在意来自老师和家长的反馈，也因此她们对于被控制的感觉更为敏感。

德西和瑞安发现，女性"在被表扬时，会特别注意自己让评价者感到满意的证据"。多项研究发现，当女孩们受到表扬，被鼓励保持高水平的表现时，她们会表现出更多的负面结果。在一项研究中，称赞小学生具有固定的特质和能力，如"聪明"或"友善"，会削弱女孩的内在动机，但对男孩就不会。其他研究则发现，强调"外在价值标准"，如好成绩、大学录取情况以及经济上的成功，对女孩的心理健康尤其有害，而且当父母对成就的强调伴随着大量批评时，女孩更容易受到伤害。

所有这一切都不意味着女孩们学得没那么努力或者没那么

⊖ 其作品《内在动机》由机械工业出版社于 2020 年 8 月出版。——编辑注

好，但这确实表明，强调外在奖励的学校教育举措，如在线成绩册等，尤其会给女孩们带来负担。在线成绩册是一种流行的教育趋势，它使学生，通常也包括学生的父母，能够在学期中的任何时候查看最新的 GPA。不断访问在线成绩册使所有家长都能了解自己孩子的排名，但这也助长了查询强迫症，就好像女孩们会不断地在手机上查看自己帖子的点赞数一样。

哈派斯赫尔学校是纳什维尔的一所女子学校，该校的教育工作者在 2016 年发表了一份白皮书，质疑教育对技术手段的使用，他们写道："随着（学生们）狭隘地将注意力集中在成绩以及提高成绩上，学习的乐趣减少了。"他们称，父母持续不断的监控压缩了"女孩们在生活中的冒险空间"和独立奋斗的空间。这一体系可能使高成就者产生完美主义倾向，因为她们"更可能把自我价值感与成绩等同起来"。在一项调查中，该校学生表示，将自己与他人进行比较最容易打击她们的自信心，教育工作者则称，在线评分可能会使这种情况越来越严重。至少有六所女子学校反对进行在线评分。纽约市南丁格尔-班福德学校校长保罗·伯克（Paul Burke）曾表示，在线成绩册"剥夺了学生们'书写自身教育史'的机会"。

一个内在动机水平低下的女孩更可能采用德韦克所说的"绩效目标"，在这种情况下，她的驱动力更多源自希望被别人评价为称职，而且她会避免被批评或失败。绩效目标的一个例子就是在法语考试中得到 A，掌握过去式的用法则是一个学习目标。珍妮，一个 20 岁的网球天才，在她的整个运动生涯中都依赖于绩效目标。'我（在训练中）能听进去的只有'世界上最好的网球运动员'。我从没有思考过，正手击球应该这样做，反手击球应该那样做。"德韦克写道，对于拥有绩效目标的学生而言，"任务选择和完成任务的过程完全建立在孩子们对自己能力水平的关注之上"。

相形之下，一个女孩如果想赢得一次挑战或是提高自己的能力，她就会追求学习目标。在一项研究中，德韦克教会了一组中学生一套科学原理。她给其中一半的学生制定了成绩目标，给另一半制定了学习目标。有学习目标的学生在挑战中得分更高，花在任务上的时间更长，在放弃之前尝试了更多的解决方案。

绩效目标并不一定是坏事。竞争和超越他人的欲望可能构成极好的动机。可一旦这成为你的最大驱动力，结果就不乐观了——朱迪思·哈拉基维奇（Judith Harackiewicz）引用的研究发现，这会导致更高程度的抑郁和焦虑，更多的无助感，使你更喜欢回避挑战。与实现这些目标相关的是更强烈的不幸福感而非幸福感，而且这会让人更加拼命地营造自己的完美人设。

绩效目标在大学申请过程中占据了主导地位，女孩们在"我想去哪里"和"我想做什么"这两个问题上迷茫的情况并不少见。"她们一直很努力，但不知道自己在为什么而努力。"一所女子大学的辅导员告诉我，"她们把自己弄得筋疲力尽，不好好睡觉，不好好吃饭，把自己弄得一团糟，而且也没有花时间去弄清楚自己喜欢什么以及想要什么。" 2015年，对美国大学新生进行的规模最大的年度调查发现，有超过72%的女性表示，在选择大学时，她们最看重的因素是学校的"良好学术声誉"，而在男性中这一比例为66%。2009年，与男性相比，有更多的女性称自己之所以选择现在读的大学，是因为那是"我父母想让我上的大学"。

像珍妮这样的学生主要是由绩效目标驱动的，她们不太可能在学习中做到精通某件事。"我不一定喜欢网球，"她告诉我，"但我很想成为世界上最好的网球运动员。也正因为如此，我永远都不可能成为世界上最好的网球运动员。"

鼓励你的女儿每学期至少选择一个"想实现"而不是"必须实现"的目标。让她专注于她真正喜欢做的事情：也许是辅导一个年幼的孩子，也许是编写代码，研究时尚，或者是在乐队里演奏音乐。是的，她可能会告诉你某门课会"毁掉"她的GPA，或者说她"几乎没有时间"去从事她的业余爱好。尽量不要向她屈服。青少年有很多特点，但他们基本上都没有前瞻性思维。在某些时候，他们需要你的介入。

信息： 拥有很多选择＝掌控你的人生

结果： 虚假的控制感；把挫折看成是针对个人的

对于高成就女孩而言，人生就是一系列的"来这里""去那里"：从学校到团体活动，到社交活动，再到实习。这里给人的暗示是：重要的不仅仅是你的表现，对生活的安排也很重要。这并不仅仅是，"如果你得到这个分数，你就会成功"，而是，"你只有参加这个活动，上这个班，或者进行这项运动，你才会成功"。

所有这些都向女孩们传递了一条毁灭性的信息：你对生活的安排跟你的表现同样重要。如果你努力工作，并做出所有"正确"的选择——睡这么多小时，上这门课，领导这个俱乐部，参加这个服务项目，制作这份评估表，你就应该能够得到你想要的。这种推理方式使女孩们对自己的人生怀有一种令人满意但很虚假的掌控感。

社会学家巴里·施瓦茨（Barry Schwartz）证明，拥有很多选择（比如上什么大学，从事哪些团体活动或主修什么课程）的人可能会产生一种掌控人生的错觉。他们相信，只要他们能够做出任何选择，那么他们就应该能做出最好的选择。

这种逻辑的问题在于，如果一个女孩可以驾驭自己的船，那么如果船漏水了，就得怪她。如果事情没成功，那一定是因为她做错了什么事。通常，沮丧感和羞耻感会随之而来。施瓦茨称这种自我毁灭式的推理为"选择悖论"。

提醒你的女儿，拥有一份排得满满的日程表（其最极端的形式就是把整个人生都规划出来了），不一定会使她更快乐、更聪明或更成功。告诉她，她不应该错误地将拥有一个计划与拥有一个目标画等号。斯坦福大学教授威廉·达蒙（William Damon）在对年轻成人的研究中发现，"正是那些看似最在正轨上的人有最严重的疑虑"。

你要质疑这样一种假设，即拥有一份排得满满的日程表可以让你的女儿掌控人生。有没有发生过这样的事，她认为一切尽在掌握之中，但实际上并不是？她是不是有过刻苦学习、全力以赴，本以为能出类拔萃却最终失败的经历？她从中学到了什么？大多数人获得了谦卑这种品质和客观判断力。通过这一谈话，帮助她懂得，世界上有一些比她更强大的力量在发挥作用。除此之外，还有一些时候，她会做出错误的选择。和她谈谈此类经历，看看她从中学到了什么。有时候，我们唯有通过犯错误才能够弄清楚自己真正想要什么。

当我们的孩子还小的时候，我们被告知要向他们提供各种选择，这样他们既能获得一种控制感，又不会变成暴君。你要吃意大利面还是比萨？你想去游乐场还是去奶奶家？这是一种值得回归的做法。如果她有太多的选择，而你担心她对自己的命运怀有过重的责任感，那就把她的选择范围缩小到少数几项。你想从事一项体育运动还是想当学生会主席？你想经营学生报纸还是创办一个非营利组织？你自己选，但只能选一样。

这种限制或许只在高中可行，但作为青少年的父母，你的工作不是当英雄，至少现在不是。如果她真的生气了，那就让她责怪你吧。当一个十几岁的孩子面临一个她不想做的选择（但在某种程度上，她又同意有必要这么做时），把责任推到爸爸妈妈身上是很有用的。"我爸爸（或妈妈）"非让我早点回家，非让我脱掉那件衬衫，等等，说什么都可以。把父母抛出来是一种很棒的策略。

信息：你必须在高中就找到人生的爱好

后果：依据勉强设定的爱好做出重大决定，最终使你付出高昂的代价

在过去的十年里流行这样一种说法：无论你是在申请大学还是在申请第一份工作，对每个层次的学生来说，拥有爱好都是一张黄金通行证。拥有爱好已经成为"安排好你的整个人生"的代名词。这是大学录取狂潮中最荒谬、最不公平的一点。

要想弄清楚你真正热爱什么，你至少需要两种资源：用来探索你所关心的事物的时间，以及在探索时搞砸的自由。这正是你女儿进入高中后被大学申请产业综合体剥夺的东西。这是一个令人愤慨的悖论：要想被成功录取，学生们只能走一条最狭窄的道路，从而丧失了全面追求自己真正热爱的东西的能力，与此同时我们却向他们施加前所未有的压力，逼迫他们去追求自己的爱好。

在理想的情况下，你追求一种爱好是因为你热爱它，而不一定是因为你擅长它。真正的爱好是由好奇心驱动的，旨在回答一个迫切的问题：我能跑多快？合唱团什么时候可以唱出悦耳的和声？如何让人们关注全球气候变暖问题？这些问题就是你的驱动力。有了这样的爱好，即使不知道答案，你也不会在意：我不知道我跑得快不快，我不知道这得练习多少小时，我不知道烤饼义

卖是不是能达到目标。

但在综合体中，你是不可以不知道答案的。在这种氛围中，好奇心是无法自由呼吸的，因为所有爱好都是有规则的。首先，你必须很早就发现你的爱好。这几乎意味着如果你到了青春期还没有找到爱好，那你就完蛋了。其次，你所"热爱"的东西不仅要在大学申请表上显得很优秀，而且你最好在这方面做得出类拔萃。

很多女孩在寻找爱好时都会感到自己很失败，这不足为奇。"我都不知道今天的晚餐想吃什么，"16岁的杰西卡告诉我，更不用说她的爱好是什么了，"因为我大部分时间都在学习，我没有时间去探索自己，去了解我喜欢或擅长的东西。"

杰西卡知道她真正的爱好不符合要求。"我喜欢打网球，"她说，"但我不想成为塞雷娜·威廉姆斯[一]，也无法在学校学习网球。"看到自己的同龄人参加方圆200英里[二]范围内的每一场机器人比赛，然后再去上3423节数学课，杰西卡强迫自己也抛出一些随机的想法——商务、技术等，总之得是对申请大学而言有价值的。"我经常觉得我必须弄清楚自己喜欢什么，这样才能在高中学习它，在大学研究它，然后找到一份工作，这样我就不会失败了。"有这样一名高中女孩，她参加过一个全美瞩目的女孩编程项目，上过AP[三]计算机科学课，并把自己作为编码员向大学推销自己，但她告诉朋友自己很讨厌计算机科学。她说："我只是想利用它上大学。"

爱好是不能被强加于人的，人们也很难很快就找到自己的爱

[一] 美国女子职业网球运动员。——译者注
[二] 1英里=1609.34米。
[三] 即Advanced Placement，指美国大学预修课程。——译者注

好。强加的爱好不仅可能转移女孩的注意力，使她无法发现自己真正喜欢做的事情，还会导致她把生命中最美好的时光倾注到她一开始就不那么确定自己是否喜欢的事情上。这可能影响她做出的其他选择，比如去哪里学习、生活和工作，直到多年后她清醒过来，意识到这份爱好是他人强加给自己的，不是自己真正喜欢的。作家及《长大飞走》(Grown and Flown)栏目的博主丽莎·赫弗南（Lisa Heffernan）写道："虚假的爱好挤走了真实的爱好。"

爱好压力不仅没能激励女孩们去发现自己所爱的东西，反而变成了又一个检查项目，又一个有待实现的期望，最终让女孩们再一次觉得自己心有余而力不足。爱好已经被扭曲成一种工具，主要用于获得外部成就，而这恰恰与爱好的本质截然不同。此外，很糟糕的是，因为人们现在期望女孩们能在多个领域取得成功，所以专攻一个领域变得越来越难，这只会让她们感觉更差。史密斯学院的招生负责人德布拉·谢弗认为爱好压力是荒谬的。"爱好应该是你在大学里或者是大学毕业后发现的。对于招生负责人宣称他们在寻找'拥有爱好的学生'，我经常感到惊讶和恼火。我认为这会给学生带来不必要的焦虑。找到你的爱好是一个自我发现的旅程。这需要时间。"

爱好的到来遵循它自己的时间表，这是无法计划的。催促孩子培养一个爱好，就好比在她做好准备之前就要求她走路：她会努力，但会失败，于是你们俩都会感到挫败和沮丧。这将成为又一样让她担心自己能力不足的东西。

你要明确告诉她，你并不希望她把自己不喜欢的东西强加给自己，或是在申请表中捏造一个爱好。指望人们在17岁时就知道自己热爱什么，这很荒唐，我们要质疑这种做法。我30岁时才发现自己喜欢打网球，40岁时才发现自己喜欢烹饪。如实告诉她,你的爱好是什么时候出现的。爱好会在人生的不同时刻找到我们,要让她明白这是很正常的。

要注重培养你女儿的目的感。达蒙写道,目的是"完成某件既对自我有意义,又对自我之外的世界有所影响的事情的意图"。在爱好被综合体扭曲之前,目的很可能就是爱好。目的并不是服务大众或利他主义的同义词。追求一个"比你自身更宏大"的目标可能意味着开发一个新的 App 或是创业。关键在于,要超越那些较多指向自我的目标,如取得好成绩、进入理想的学校等。

当你有目的感时,你就会知道为什么你所做的事情对你个人而言很重要,也会知道为什么它对世界而言很重要。目的是我们追求日常目标的更深层的原因。达蒙发现,只有大约 20% 的青少年有目的感,而且这个数值正在持续下降。1967 年,有 86% 的大一学生赞同将追求有意义的人生作为人生的基本目标之一;2004 年,只有 42% 的人这样想。人们可能会重新重视目的,教育工作者正越来越将目的感作为治疗综合体疯狂症的解药。研究表明,拥有目的感的成年人更自信、更自在,且有较高的自尊。对于年轻人来说,情况也是这样。

绿色回声基金会(Echoing Green Foundation)的"目的感培养"课程帮助青年人明确他们的目的,确定他们的能力所在,并找到有意义的工作。该课程设计了许多有用的活动,其中之一是要求参与者思考诸如以下这些问题。

- ◆ 什么事情或想法会让你心跳加快?这是因为你被它们逼得太狠、被它们激怒,还是因为你因它们而欣喜若狂?
- ◆ 你经常阅读的文章和最吸引你的电影、书和电视节目主要是关于什么的?

- 你属于哪一类人？
- 当你想象你理想中的世界时，你会想到哪三个词？
- 你曾经为任何人挺身而出过吗？那个人是谁？为什么？你愿意支持谁？为什么？
- 你渴望看到哪些社会或环境问题得到解决？

在正式课程中，参与者通常以书面形式回答这些问题，但是在有积极倾听者（比如你自己）的谈话中，这些问题也可以起到很好的效果。

达蒙鼓励成年人充当媒介，帮助孩子把信念与特定的需要或机遇联系起来。这是一个持续的过程，很少能说声"啊哈"就完成。达蒙把这个过程比作在院子里撒播草籽："只有一部分草籽会发芽，而我们不知道是哪些。"当你和女儿聊她当天的情况时，密切关注她对什么事物表现出了热情。你可能会发现她在谈到为某个组织工作，参加某个讲座或读到某个东西时非常兴奋。问问她为什么喜欢这个，为什么这个对她而言很重要。再问问她这个东西对世界而言有什么意义，以及她接下来想对此做些什么。然后，主动提出帮助她加深兴趣（但不是以那种很直白的，能让她在申请大学时更有利的方式）。或许你可以送给她一本讲座发言人写的书，或头脑风暴出各种方式来拓展她的志愿者工作。

在来自低收入家庭的女孩中，有许多人上大学是为了改善家庭境况，她们往往具有强烈的使命感。伊莎贝尔来自古巴，在新英格兰上大学。她的朋友们都说自己很早就找到了自己的兴趣爱好，这让她非常混乱。她最终选择无视她们。我问她是如何让自己平静下来的。这部分归功于她经常问自己：对她而言什么才是真正重要的？她非常清楚地说："供养我的家庭排在第一位。"

信息： 每个人都比你更努力、更优秀、更成功
后果： 深入骨髓的不安全感，紧张、竞争性的人际关系

你女儿觉得每个人都比她更努力、更优秀。她的同龄人在花更多的时间学习，她们的成绩更好，考试分数更高，在申请更好的学校，享受更多的乐趣，看上去更漂亮。如果你跟她说不是这样，她会告诉你：你，什，么，都，不，明，白！

当然，这一切都不是真的。可就算很令人不安，这种错觉的产生也是有道理的：如果你被自己的缺点所困扰，你就会对别人的痛苦视而不见。或者，也许你知道你的同龄人也很痛苦，但你会将她们的痛苦打个折扣，因为尽管遭罪，她们还是取得了成功。如果你认为自己所做的不够，你就很容易想象自己已经被同龄人远远甩开。诸如此类的想法迫使女孩们与她们的朋友进行竞争和比较，这威胁到她们与一些最亲密朋友的人际关系。

18岁的玛雅写信给我说："你最亲密的朋友可能成为你最强大的竞争对手。你会开始像招生顾问和私人教练那样去评估她们。她们的成绩，她们的身体，她们的穿着——你是在和她们竞争，而不是给她们提供无条件的支持。我们之间仍然可以维持一种牢固的、充满爱的关系，但竞争的因素总是存在。"女孩们开始用文化（所倡导）的无情且苛刻的目光去看待彼此，不再注重彼此的真实天性。

"我周围的所有人日程都安排得很紧凑。"19岁的凯拉告诉我。她那一层宿舍住的都是优秀的商科学生，气氛很紧张。"就算你可能挺喜欢隔壁邻居，"她说，"你还是想打败她们。说到底，你希望比她们更优秀。"当竞争开始侵蚀人际关系时，怨恨甚至妄想症就会随之而来。女大学生们谈论过与同专业的人交朋友带来的挑

战。"有时候我们很难为彼此感到高兴。"一名大三学生告诉我。她的同学说,还是找一个专业完全不同的朋友比较好。"她们根本不知道你的成功意味着什么!"听到这话,她的朋友们会心地笑了。

16岁的莉莉解释说:"当我在生活的某一方面缺乏百分之百的安全感或舒适感时,一个能让我感觉好些的办法就是奚落别人,这能让我振作起来。我自私地希望自己比别人好,或是努力做到比别人好,不管是在什么方面。我想,这可能会导致我对某人态度刻薄。"

丽贝卡和她的高中同学建立了深厚的友谊,但随着她的高中同学越来越深入到综合体中,她们的友谊开始变得脆弱。她开始掩饰对自己能力不足的恐惧,而这正是她最需要倾诉的。她在朋友们的成功中看到了自己的劣势。她告诉我,她最好的朋友之一梅根"什么都有,拿到了所有奖项,这使我显得很没用。为什么我得不到那些奖项?这让我觉得自己会成为一名失败者,因为她太成功了。"

与有能力的对手进行学业上的正面交锋并没有什么错,可当这发展成个人恩怨并破坏了人际关系时,问题就来了。这种情况发生的频率超过了正常范围。2017年的女孩指数表明,在5~12年级的女孩中,有41%的人表示不信任其他女孩;有76%的人称大多数女孩都在相互竞争。女孩们在适应社会的过程中学会要不惜一切代价表现得友善,所以她们通常很难做到完全诚实,尤其是在要暴露好胜心和嫉妒等不好的女孩才会有的情感时。很多人为了生存而掩藏这些情感,于是她们的情感被隐藏起来了。女孩们郁郁寡欢,充满怨恨,变得孤独。再加上围绕着成功的稀缺性和不牢靠性文化,她们的人际关系岌岌可危。

在这里你可以做两件事。第一，要明确最好的竞争不会将成绩与人际关系掺杂在一起。换句话说，一位朋友在学习或生活中成就如何，应该与你对她的信任或喜欢程度无关。这不仅可以挽救你女儿的友谊，同时也是一种对待竞争的正确方式。如果父母鼓励女儿将矛盾冲突变成个人恩怨，女孩长大后就会在职场做同样的事情，这种行为可能会以危险的方式造成不良后果，适得其反。

第二，提醒你女儿，人际关系很重要。如果你的家庭秉持女性应该相互支持的价值观，此刻你应该明白地说出这种价值观。你要指出她所了解到的将其他女孩视为威胁的做法是有害的，并且让她想想在你们的生活中所有那些曾在社交、职场、经济和精神上帮助过你们的女性。如果你女儿很喜欢你的某位好朋友，就邀请这位朋友一起坐下来聊聊你们当年是如何战胜挑战、维持友谊的。申请大学可以说是你女儿一生中最具竞争性的时刻，从你这里学会有原则地竞争，将使她受益良久。

如果朋友的成功让你女儿感到不自信，就用同情的态度和你女儿一起去解决这个问题。首先要肯定她的不自信，然后要确保她明白，这是综合体的一个副产品，不一定是个人的缺点。如果她想挽救友谊（她应该会这么做，除非还发生过其他事情），那就鼓励她面对自己的脆弱，与朋友分享自己的感受。如果你自己曾经向朋友倾诉恐惧并且收到了很好的效果，不妨把这段经历告诉你女儿。如果你女儿一直保持沉默，不肯跟朋友交心，那么秘密和怨恨就会从内心慢慢吞噬她们的友谊，直至这份友谊几乎消失。

抵制综合体

"我一直都是个好女孩，"娜塔莉亚告诉我，"我认真做家庭作业，取得好成绩，参加一些体育运动，牢记父母对我说过的话。"她18岁，正在国外一所寄宿学校重读大三。不久前，她告诉我："我觉得我已经没有动力了。我觉得如果我不改变，我迟早会失去自己的个性。"

娜塔莉亚的父母一直在向她施压，要她成为一名律师或医生，赚取一份有保障的薪水，但她一直喜欢时尚新闻。她对父母的反抗使她感到内疚。"我什么都不缺。"她告诉我，"我的家人很好，我们家的经济状况很好，我的成绩很好，所以我根本不应该抱怨。我不想让自己看上去不知好歹，但这一切真的让我很痛苦。"

她竭力克制自己的情感，但又害怕情感外露，于是她开始疏远他人。她试图戒掉情绪。"我变得对任何事情都不露声色。"她告诉我，"我妈妈一直问我，'你到底会不会笑？'"

当娜塔莉亚意识到自己正在失去自我时，她开始看到自己是如何用父母的愿望取代自己的愿望的。她不喜欢弹钢琴，但她妈妈喜欢。她不想参加创意写作比赛，但她爸爸喜欢。

娜塔莉亚总是怀着一种秘密的、令人痛苦的感觉，即自己在任何方面都不是特别擅长。突然，她开始怀疑自己的平庸源自缺乏灵感，而不是她的实际潜力。"我没有动力，因为我对自己做的事不感兴趣，"她告诉我，"我擅长的是学习和做别人叫我做的事。"

她来到勇气新兵训练营（Courage Boot Camp），这是我设计的一个为期四周的项目，旨在帮助女孩们识别并进行合理的冒险。"我希望能为自己而战。"她告诉我。娜塔莉亚决心面对她的父母，告诉他们真相。每周，她都会指定并进行一项小冒险，向自己的目标前进。她在新兵训练营的同龄人会自由分享她们是否冒险成功，有没有尝试过冒险，这让娜塔莉亚很愉快。她第一次被允许不必出类拔萃，这让她感到了自由。

当娜塔莉亚认为自己已经做好准备时,她打电话给父母,告诉他们她不会去学习医学或法律。不出所料,他们很生气。她父亲警告她,在创意性行业取得成功是很罕见的。出于愤怒,她母亲对她进行大肆攻击,说她根本没有那种天赋。娜塔莉亚哭了,但还是坚持自己的主张。后来她告诉我:"我觉得自己很勇敢。我做出成熟的决定,去跟他们讨论这个话题。我变得更好了,因为我不再隐藏自己。我想找到自己的路,即使这对他们来说很可怕。"

娜塔莉亚又和她的父母进行了几次痛苦的谈话,但娜塔莉亚从未如此快乐过。"现在的我更放松、更快乐。"她告诉我,"我比以前更爱开玩笑了。我觉得我想找到更多的乐趣。"她正走在寻找自我的道路上。

当我们在一起训练时,娜塔莉亚养成了向自己提问的习惯:"我正在做的事情对我来说有意义吗?它们令人愉快吗?我的大脑是不是想告诉我,我应该用我的时间去做其他事情?我的内心是不是在告诉我,我必须改变我的生活?"

娜塔莉亚最喜欢的活动之一是"我喜欢"练习,这是我从笃信佛教的心理学家塔拉·布莱克(Tara Brach)那里学到的。我使用计时器,设定整整一分钟时间,让娜塔莉亚坐在她的搭档对面,说出在她脑海中出现的所有她喜欢的东西,例如,"我喜欢狗,我喜欢跑步,我喜欢奶酪"。她的搭档负责倾听,然后她们交换角色。这项活动让娜塔莉亚回想起她最珍视的东西,让她在担心自己会渐渐失去方向时,与自我建立起牢固联系。试着和你的女儿一起做这个练习。讨论一下什么东西让你们感到吃惊,什么东西让你们觉得有趣。以前有没有觉得很难想起来自己喜欢什么?你们经常做自己喜欢的事情吗?如何才能把更多你们喜欢的事情融入你们的生活？

我所有的训练课程结束时都有一个毕业典礼。我通过话筒播放盛大的进行曲，让女孩们知道她们因为参与这个训练课程获得了一张证书，只是她们并不知道证书上面写了什么。

在我叫第一个名字之前，我宣读了那张看上去很像一张学位证书的纸上印着歌特字体的文字。这是一张失败证书，赋予每一个女孩在开始人生的下一个篇章时，放弃在每一件事情上都出类拔萃的权利。"由于你已经出色完成了高中这个霸主提出的所有要求，"上面写道，"因此，特此证明，从现在到永远，你有资格在以下方面搞砸、遭遇惨败或其他形式的失败：一次或多次恋爱、勾搭行为、友谊、电子邮件或短信、课程、课外活动或者是其他任何与大学相关的选择或决定……与此同时，你仍然是一个非常有价值、非常优秀的人。"

女孩们会哈哈大笑。然后她们会把证书带到新宿舍去，挂在墙上。其中一个女孩甚至把证书放在一个破碎的镜框里，加倍强调其意义。每个女孩都需要一张失败证书。别忘了也给你的女儿颁发一张。

ENOUGH
AS SHE IS
第 2 章

女孩与社交媒体

> 社交媒体是一种向所有人展示你是个什么样的人、什么样的女孩的途径。它创造了一个别人面前的我。
>
> ——玛雅，18 岁

玛雅的手机是她关掉闹铃后睁开惺忪的睡眼看到的第一样东西。她会在去学校的公交车上看手机，在课间看，并且在六个不同的账号间切换。晚上，她经常光着身子坐在马桶上发抖，就算莲蓬头正在哗哗地喷水，她也要在拉开帘子踏进浴缸之前发出最后一条信息。

处于青春期的女孩们主宰着社交媒体的视觉平台，她们在这里发布关于自己、朋友、吃什么、去哪里、做什么的照片和视频。2016 年，在 Instagram 的四亿名访客中，有 58% 是女性；十几岁的女孩对 Instagram 和 Snapchat 的使用率令男孩相形见绌，差距高达两位数。女孩比男孩收发更多的私信，发布更多的图片，在网上有更多的粉丝和朋友。社交网络属于她们。

我的爱好之一是追踪女孩们在社交媒体上喜欢做的事情，将其解读给家长和老师们看，并编写课程帮助女孩和家长们应对网络生活的挑战。我花了很多时间在 Snapchat 和 Instagram 之间跳来跳去，观看各种展示灯火辉煌的周六夜晚、难以忘怀的假日的信息，或者是精心挑选的自拍。那些更为随意的观察者普遍认为，女孩登录社交媒体后会上瘾般地与朋友联系。按照这种逻辑，父母的任务就是教女儿成为体面的数字公民。

这只是这一发展迅速的事态的一部分。在过去的几年里，社交媒体为女孩们提供了追求完美的平台，反映了女孩们获得成功的欲望，也反映了女孩们建立情感联系的愿望，这使得女孩们飞蛾般扑向数字火焰，而这很可能削弱她们的自信和自尊。今天，女孩们的社交媒体品牌是又一个要求苛刻的平台，在这里，她需要表现自己、取得成就，并且将自己与他人进行比较。玛雅告诉我："我认识的大多数女孩都会利用 Instagram、Snapchat 和 Facebook 来表示'我很漂亮。我很了不起'。社交媒体是一种向所有人展示你是个什么样的人、什么样的女孩的途径。它创造了一个别人面前的我。"

问题在于，互联网的基本要素反映并强化了追求完美的徒劳欲望。就像在生活中一样，在网上总会有人比你更瘦，更成功，爱情更美满，朋友更多，做比你更有趣的事情。当图像很容易被修改时，这一事实给你带来的伤害就会更深。如果你一直认为你应该再获得一个赞，那你就永远也不会得到足够的赞。这就是为什么有太多的女孩不愿意看屏幕，因为她们认为自己在任何方面都不够好。这口深井永远都无法填满。

23 岁的塔拉以前是我的学生，她发布的照片总是光芒四射，照片中的她在职业生涯的辉煌时刻和令人难忘的纽约周六夜生活之间来回切换。当我惊叹于她在社交媒体上的华丽表现时，她翻了个白眼。

"我讨厌社交媒体。"她说。

"真的？"我问。

"如果我（在我从事的新闻工作领域）发表了一篇报道，在网上疯传，这很棒。这种很棒的感觉会持续两天，然后当我回到办公桌前，我会想：我怎样才能不负众望？我怎样才能在Facebook上得到两倍的赞？"

社交媒体所鼓励的行为和女孩们长期以来被告知要做出的行为一致：取悦他人、寻求反馈、表现好、看上去优秀。女孩们毫不反抗地落入这个陷阱中。但是，抨击社交媒体是一种错误的策略。如果互联网只会让女孩们感到焦虑不安，那它早就没生意了。"社交媒体不应被看作积极的或消极的，"教育顾问安娜·霍玛耶（Ana Homayoun）在她的著作《社交媒体健康》（*Social Media Wellness*）中写道："相反，它应该被视为一种新的语言和文化转变，它提供了不同于以往的联系和交流机会。"

女孩们在网上学到的东西可以打开通向目的感和政治认同感的大门。女孩们每天都使用社交媒体来动员和激励同龄人积极行动。2016年，Instagram和《17岁》杂志发起了风靡一时的"十足的我"宣传活动，用户可以为帖子贴上宣传身体积极性和自信心的标签。当女孩们感到孤独、没有人了解她们时，互联网总是能提供走廊或教室所不能提供的东西。女孩们不需要跟父母讨论社交媒体本身有什么问题，而是需要跟父母讨论她们中的许多人使用和评价社交媒体的方式有什么问题。

那些试图将普通社交媒体的使用与使用者的幸福感或抑郁症

联系起来的研究一直未能取得定论。而一些前景较好的研究结果表明，青少年如何使用社交媒体，以及他们在社交媒体上建立的联系的质量，将影响到他们的情感健康。本章将为你提供工具，帮助你的女儿以平衡、自尊和批判性的方式应对日益增长的网络生活需求。

社交媒体如何引诱女孩：控制力错觉

我可以控制别人如何看待我的人生

在过去的十年中，新媒体大爆炸为女孩们创造了一种新型社会"工作"，这是她们的母亲从未遇到过的。在学校里，蜷缩在床上或是走廊的地毯上，面前放着笔记本电脑，一旁放着调到振动模式的手机，这个女孩正在用她的手指构建一个人格面具。她熟练地操作滤镜，淡化瑕疵，让身材显得苗条，并且为了想出一个既诙谐又随意，看上去就像不假思索、脱口而出的标题而绞尽脑汁。20岁的亚历克西丝告诉我："压力很大。你必须看起来很完美，必须做一些很酷的事情，吃漂亮的沙拉，并且给它们拍照。所有这些都被用来制造一种虚假的表象，宣示你正在过着很棒的生活。"

这是青春期女孩的虚拟第二轮班，她们平均每天花六个小时使用新媒体。这一代人被心理学家琼·特温格称为"互联网一代"：他们出生于1995～2012年，从未经历过没有互联网的生活。特温格报告称，2015年十二年级学生的上网时间是2006年十二年级学生的两倍；2017年，一项针对5000多名青少年的调查显示，有3/4的学生拥有一部苹果手机。男孩们的上网时间与女孩们相同，但他们通常是在网上玩游戏，或者是发布最喜欢的球队信息，女孩们追求的则是一系列完全不同的目标。

　　智能手机使女孩们进入了一个蓬勃发展的社交资本市场，在那里她们可以放大自己的生活特征，让自己看起来比实际上更漂亮、更性感、更聪明、更有成就、与朋友们关系更亲密、更快乐、更受欢迎。这需要付出不小的努力。亚历克西丝说："你必须在 Instagram 上记录你所做的一切，你必须编辑图片，必须确保你为图片选择的所有标签（看上去很好），如果看上去不好，你就必须移除标签。工作量太大了。"

　　这么做的回报是毋庸置疑的。在网上，没人能看到你睡眠有多不足，凌晨两点钟吃了多少东西，或是未能成功勾搭上某人。女孩们成为自己生活中的媒体顾问。20 岁的维维安出生在美国，在斐济长大，后来回到美国，就读于东北部的一所大型公立大学。她在美国的新朋友完全不知道她在斐济度过的岁月充满了凌虐，外加持续多年的身体羞耻感。去年，维维安发现了女权主义——一种政治意识，她还有了在美国取得成功的决心。现在她的目标是当一个她一直想当的厉害女人。这通常意味着向他人掩盖自己的脆弱之处，不管他们是朋友还是教授，哪怕他们或许可以提供额外的支持。这也意味着要利用社交媒体与同龄人竞争。她对我说："我会拍一张风景非常美的照片，而在现实中我其实什么也没做。"

　　我们有一种需求，就是拍下人们心目中的美好生活的照片，向人们展示："我比你强。就我（目前）的情况来说，我比你强。"我们不遗余力地去证明，不管怎么说，我们的生活比其他人好。那些人是我们不喜欢的人，是我们在高中认识的人或是老家的人。

　　她解释说，这么做"是因为我在努力不掉队"。

在20世纪,诸如洗碗机和洗衣机之类的新设备使女性摆脱了一些最辛苦的家务劳动。技术进步使女性有了承担新的社会角色所需的时间,比如在外面从事有偿工作。今天,技术进步帮助女孩们应对一种截然不同但却同样具有限制性的身为女性的挑战——角色超载。社交媒体使她们能够展示一系列令人目不暇接的身份,流行音乐主持人、学者、选美皇后、派对女郎、最好的朋友,不一而足,这些都是新的女孩成功准则的要求,得挤在一天24小时内完成。

玛雅策略性地使用Snapchat,这是一个可以把一天中拍摄的视频和图片制作成蒙太奇的应用程序,通过制造令人目眩的数字回旋动作来展示她的多重自我。她解释说:"如果我在周六工作,现在是早上6点半,我可以发布我和我刚刚写好的一篇论文的照片。在晚上11点,我可以贴一张我在派对上玩啤酒乒乓的照片。第二天吃早午餐时,我可以表现得像个居家女孩。这样,在接下来的24个小时里,每个人都能看到我非常聪明也非常酷,这是一种美好的并列。"

这是一种每日拼贴画,看上去一切都毫不费力,其实都是刻意为之。她说:"如果你恰好同时达到了酷女孩、性感女孩和聪明女孩的标准,那么你就有了一个绝佳的机会,在一个人人参与其中的圈子里扮演这些角色组合。这给了你一个表演的舞台,让你得以扮演所有那些不同的角色——好女孩、坏女孩、可爱女孩、性感女孩、聪明女孩。"

这就是社交媒体对一个过度努力、缺乏睡眠、致力于经营自己的声誉和人设的女孩提供的诱人服务——展示自己的不同面,在不同的地方,只需点击几下鼠标即可完成工作。玛雅告诉我:"我在Facebook上有2000个朋友。我对这2000人的了解足以让我和他们都称兄道弟吗？当然不是。他们是一个庞大的群体，是一个世界，我可以选择自己想投放到这个世界中的东西。"个体发展的这个阶段以失控感为特征，而社交媒体及时赶来拯救众生。如果你能控制你的虚拟形象，或许你就能控制你的人生了。

我可以控制我在别人眼中的外在形象

在互联网出现之前，女孩学会通过化妆、锻炼、穿着、美发和节食来操纵自己的身体。现在，通过在自己上传的每日自拍选美照中摸爬滚打，她学会了第二套方法。她可以改变自己的在线形象，以期改变她在现实生活中的形象。这么做只需要几个App、一个角度绝佳的镜头，外加时间。

维维安的一个好友花两个小时拍摄新文身照用来上传到Instagram。这位朋友体重超标，但从自拍的角度来看，她显得瘦多了。维维安对我说："我不知道她是怎么把身体拗成那样的。我太佩服她了。我们花了很多时间试图拍出完美的照片，用来表示我们拥有完美的生活。"她讨厌Instagram游戏，因为它对她的朋友们的自尊造成了影响。"我们被教会用各种不自然的方式努力相互竞争，谁是更漂亮的女孩，谁是更好的人，谁拥有更完美的身材，谁的男朋友更可爱。你觉得有必要夸大自己所拥有的东西，以便将自己不够优秀的念头从脑海中驱赶出去。"

女孩们被不断改变自己外表的人包围，那些人只会贴出自己最瘦或效果最佳的照片，而目睹这一切的人会为此付出代价。它向女孩们传达了这样一个信息：她们的离线状态有问题，而互联网就是解决该问题的场所。这让我想起玛雅告诉我的话："当我一个人的时候我并不恨自己。我只是在和别人进行比较时恨自己。"

玛雅一直盯着她所认识的"在Instagram上很有名"的女

孩们看，就好像她母亲当年崇拜杂志封面女郎那样。"我可以花上好几个小时浏览（一个熟人的）Instagram，心想我如何才能复制出这个效果，因为这就是人们喜欢的类型。这就好像你看到有人穿着你喜欢的衣服走在大街上。"听她讲述这些时，我不禁感到好奇：像她们这样的女孩，如果不把大把时间花在这上面，她们还会做些什么？

我可以弄清楚别人对我的真实看法

当我需要让一群女孩活跃起来时，我会让她们说出自己希望拥有的一种超能力。希望拥有读心术的女孩数量之多令人吃惊。为什么？大多数人说："因为这样我就能知道人们的真实想法。"有人补充说："……对我的真实看法。"

这一点儿都不奇怪，因为女孩们所处的社交世界中有一条不成文的规则，就是隐藏你最强烈的思想和感情。上社交媒体吧，它向你招手，许你一个诱人的承诺："我会告诉你人们对你的真实看法。"

假设一个女孩想知道她的某个朋友是否真的喜欢她，她所要做的就是打开一个照片分享App，看看那个朋友有没有给她的照片点赞。想知道自己是不是受欢迎，她可以计算一下她的新自拍照获得的点赞数及点赞数的增加速度（目标是每分钟增加一个点赞）。想知道某人是不是生自己气了，她可以下载一个App来监控谁取消了对她的关注。想知道自己是否漂亮，她可以浏览她最近的自拍照下面的评论，看看有多少评论说她漂亮或性感。对于一个女孩能提出的所有问题（这些问题总会在某个时刻困扰绝大多数青春期女孩），点赞、关注、评论或转发就等于是一个公开的、切实的、令人放心的回答。一个赞可以代表一系列有意义的陈述，虽然对方从未真正对这个女孩表达过这些陈述，但她可以用自己的方式去解读这个赞。

许多女孩根据自己发布的图片或帖子所获得的点赞数来量化自己的自我价值感。她们痴迷地刷新手机来监测动态。还有一些女孩会删除没有收到足够点赞数的帖子，一个女孩把这称为"Instagram 耻辱感"。

缺点：情感过山车

在 20 世纪 50 年代，家用电器或许简化了女性的生活，但同时也将家庭生活转变成了一门科学，让女性能够对自己和他人进行评判。同样，那些让女孩们在网上感觉自己更漂亮、更成功、更擅长社交的工具也会加剧她们的不安全感，降低她们的自我价值感，甚至加强她们的妄想症。如果你认为一个赞表达了从"你对我而言很重要"到"你很漂亮"等各种意义，你就会把没有收到赞理解为比实际上更为严重的事情。同样的道理也适用于被排斥的感觉。如果你没有受到邀请，你会得出非常严重、夸张的结论，而不是就事论事地看待实际情况。

"如果我看到有人（在网上）打得火热，而我没有被邀请参与，"玛雅告诉我，"我就会想：'她们一定是不想再跟我做朋友了。'"她接着说："Snapchat 上短短 10 秒钟的视频就能让你感到自己是如此被孤立和被厌恶。"这也太荒唐了！对许多女孩而言，社交媒体就像是一部戏剧性的罗曼史：当它好的时候，非常棒；当它坏的时候，非常糟。

社交媒体把女孩推上了一辆停不下来的情感过山车，这辆过山车不断从受众人倾慕的社交高潮转向令人胃部极度不适的、充满被排斥感和不安全感的低谷。当你在焦虑地等待回应，或者更糟糕的是，当你没有得到你所希望的回应时，你从社交媒体中获得的令人兴奋的控制感、乐观甚至权力感会迅速消失。

特温格报道称，那些在电子屏幕前花的时间超过平均水平的青少年更有可能过得不快乐。相比之下，做"非屏幕活动"会给人们带来更多的快乐。在特温格对代际趋势的研究中，称经常感到被冷落的女孩的数量比2010年多了48%（相比之下，觉得自己被冷落的男孩的数量只多了27%），特温格认为这种骤增与女孩过大规模地使用社交媒体有关。她把青少年心理健康水平的急剧下降直接归咎于智能手机的出现，并发现受害最深的是女孩。

莎伦·汤普森（Sharon Thompson）和埃里克·洛盖德（Eric Lougheed）发现，在大一学生中，相比男性而言，有更多的女性认为Facebook会给她们带来压力，而且如果她们很长时间不上Facebook，就会感到焦虑（不过，值得注意的是，也有更多的女性说Facebook让她们感到兴奋和充满活力）。同意或强烈同意以下说法的女性人数是男性的两倍："有时我觉得自己对Facebook上瘾了。"有1/4的女性称她们因Facebook而失眠。

社会比较：为什么我的人生如此糟糕，
别人的人生却如此灿烂

格蕾丝的嘴角总是挂着微笑。在我的研讨班上，她总是直视着我，眯着眼睛，头抬得高高的，棕色的头发扎成长长的、高高的马尾辫，随时准备举手发言。她是那种永远都不会让老师在令人尴尬的寂静中感到自己像被残酷地悬在大峡谷中飘摇的学生。

但是你可别被这乖巧的外表蒙骗了。在学业上和在她所选

择的运动项目中，这个17岁的女孩极度争强好胜。这是她家的传统。她告诉我，她的爸爸一心只想着赢、赢、赢。她一直以来受到的教育就是，第一名是最好的。他从不大声说出来，但这就是他的生活方式。"这让人显得很强大，而这也正是我想要的。"她说。

格蕾丝把自己的精力投入到精英竞技舞蹈中，定期去各地参加比赛。到大三时，她的同伴们已经是这项运动的顶尖选手，分散在全国各地，为下一场比赛进行训练。

坐在咖啡馆里，格蕾丝把她的手机从桌子上滑给我。她解释说，Instagram是舞者们的虚拟舞台，大家在上面发布最新的舞步或服饰。当她们不在一起的时候，她们利用这种方式表演和竞争。

我拿起她的手机，眼前滑过一张又一张经过完美滤镜处理的女孩的照片：一个女孩将脚举得高高的，跟耳朵齐平；另一个女孩悬在舞伴的肩上。接着是一段踮起脚尖挑战重力的旋转的视频，后面跟着一张运动结束后享用的绿色果汁的照片。

格蕾丝很难不去看手机屏幕。她一直拿着手机，以至于有时感觉不到它的存在。手机对她的吸引力并不仅仅源自上面热情的夸赞、账号粉丝之类的东西。她查看手机是为了见证同伴们的一切成就，郁闷地沉湎于她确信自己永远也做不到的事情中。

她说："我会在Instagram上监视她们的一举一动，然后对自己说：'你永远也做不到这个。'"看到一段精心编排的新舞蹈的视频，她会说："我做不到。"看到一套非常昂贵的行头："这个也不可能。"一个完美的劈叉："这个也一样。"

对许多女孩来说，社交媒体是一场残酷的选美比赛，一个像时尚杂志那样运作的完美身材展示平台，让女孩们感到自己不漂亮。但是对于像格蕾丝这样的女孩来说，社交媒体扮演着不同的角色：在这里她觉得自己能力较弱。在外表方面，格蕾丝很清楚自己的得分。"我是不可能变成碧昂丝那样的。"她翻了个白眼，干巴巴地说，"这没什么。"但舞蹈完全是另一回事，这是一种技能，是可以改进的。这在她本人的控制中。

格蕾丝在网上不停地参照同龄人的情况对自己进行评判。Instagram上有一个叫珍的女孩让她特别无法释怀。珍长得漂亮，超级有钱。父母花钱资助她请私人舞蹈教练，参加国际比赛，购买昂贵到变态的行头。珍已经成为多个服装品牌的形象代言人：她发布自己穿着这些品牌的服装进行表演的照片，作为交换，她可以免费获得这些服装（格蕾丝指出，其实珍并不需要获得这种优惠）。格蕾丝不断地搜索关于珍的最新动向的消息，无法停下来。

格蕾丝的这种行为被心理学家称为"社会比较"（social comparison），即将自己与他人进行比较，以此来定义自己的能力和观点。互联网就像一个庞大的、不断变大的社会比较培养皿：先放上女孩们觉得自己不漂亮、不成功或是不擅长社交的感觉，再添加她们无比强大的自我改善的欲望，最后添加无穷无尽的经过编辑的他人的图片。难怪一位年轻女性对我说，社交媒体是"一种证明我的生活比你的生活好得多的方式"。

社会比较是青少年成长过程中的重要组成部分。当我们针对应该秉持或抛弃何种个人价值观做出各种选择时，我们会建立起一种自我意识。我们经常通过观察同龄人来做到这一点。合理范围内的社会比较可以帮助女孩们管理自己的感觉、获得启发以及做出决定。

格蕾丝正在进行一种更为有害的思考，这种比较会导致抑郁、自我批评和自卑。格蕾丝所做的不是自我驱动，而是自我羞辱。当她把自己与一个幻想中的、比自己更努力的角色进行比较时，她只收获了挫败感，而不是灵感。她让车轮飞转，但抵达不了任何目的地，她被自我评判逼得要发疯。

喜欢在社交媒体上进行社会比较的人会报告更严重的抑郁症状。他们还说当前的自我（即他们心目中真正的自我），与他们的理想自我或他们渴望成为的人不一致，这即便不会导致彻头彻尾的羞耻感，也至少会导致不快乐。

当社会比较遇上社交媒体

女孩似乎更倾向于在网上进行研究人员所称的"社会比较和寻求反馈"。这种行为与女孩们的抑郁症状有很强的关联，而且女孩们在网上进行的比较似乎对她们的自我价值感更具威胁性。换言之，社交媒体加剧了女孩间的竞争和攀比倾向。

出于若干原因，女孩更容易陷入社会比较中。首先，她们所接受的适应社会的教育就是照顾他人、适应他人的需求。因此，她们花很多时间去考虑别人怎么看她们。她们对自己与他人的关系有着深刻的思考，这就使得她们对比较更有兴趣。其次，女孩们更容易将人际关系中的压力内化，特别是当她们陷入冲突时。最后，在一种外貌与社会价值紧密相关的文化中，女孩们被迫花大量时间与他人进行外貌比较。

社交媒体又是如何让社会比较进入超速挡的呢？学者达娜·博伊德（Danah Boyd）在哈佛大学的开创性研究工作揭示了社交媒体是如何影响青少年的情感生活的。博伊德认为，社交媒体把过去是隐私的、无形的信息，比如你有多少朋友，或者你放学后跟他们去了哪里，一起做了什么，都放在网上公开了。能够看到某人有多少朋友或粉丝，使你可以将那些数字与你自己的进行比较（她有 546 个粉丝，而我只有 400 个，为什么）。

当你能"看到"你的朋友们放学后在做什么时，突然间，每次你被排除在外的时候，你都会知道。现在，你不必去猜测自己到底有多受欢迎。你可以看到并量化它。社交媒体由此带来了一种令人痛苦的新重负，叫作 TMI，即"信息过多"。它还推出了一套新的衡量社交成功的标准。

个人成就也走上了相同的从隐私到公开的道路。过去仅在少数人中间分享的成就，如今通过电子屏幕成为可供公众消费的、夺人眼球的头条新闻。你在 12 月或 4 月登录 Facebook，几乎必定会看到大学录取宣告："马里兰大学 22 届新生！""宾大！！！！！！！！！！！！！！！！！！！！！"女孩们被迫见证一大堆持续不断的大大小小的胜利：实习、奖项、冠军称号、GPA。所有这一切还要加上"无处不在"这一因素：你可以在不计其数的平台上宣告你的胜利，而且是同时宣告。

其实，我非常支持女孩们宣告她们的成就。这是一项弥足珍贵的领导技能，而在这个强调女孩谦卑品质的世界里，许多女孩无法发展这项技能。问题存在于网上的观众的眼中（或许我应该说"浏览者"），以及她如何诠释她所读到的东西。也就是说，如果你一直有一种挥之不去的自我低估感，那么不把自己的生活与 Snapchat 或 Instagram 上的东西进行比较几乎是不可能的。

对于刚毕业的大学生而言，数码影像集锦可能尤其令人受不了。"当你看到一个同龄人订婚、怀孕或坠入爱河，"伊莎贝尔说，"你会觉得自己有什么地方不对劲，因为在你的熟人圈里，你是唯一一个没有找到幸福的人。"她向我保证，她知道别人过得也不轻松，但她还是禁不住要想："为什么我的人生如此糟糕，别人的人生却如此灿烂？"

兄弟姐妹们会抱怨父母对他们进行比较。"你为什么不能更像你的哥哥（或姐姐）？"社交媒体对最脆弱的用户提出了类似的问题。它以一种专横的、永远都不会满意的家长的口吻说话。26岁的海莉在田纳西州的乡下长大。她的同龄人大多是年轻的母亲和未充分就业者，她却出人意料地在曼哈顿市中心找到了一份媒体行业的工作。然而，当她上网时，她只看到了自己所缺少的东西。她闷闷不乐地对我说："通过这些社交媒体平台，你看到了你本应该做的事情，这会让你觉得自己不太行。"

帮助她理解，别人成功并不等于她失败

给格蕾丝造成痛苦的不仅仅是社会比较这种行为，她的做法本身也有问题。当格蕾丝上网时，她已经对自己感觉很差了。"我穿着运动衫，头发乱蓬蓬的，还在啃着饼干。"她解释说，"而（珍的）照片都很优雅，我会想，'不会吧？凭什么她就可以那样？'我会想，'我永远也做不到那样，因为我永远也不会有那么多钱。'"

我放下咖啡。

"好吧，我很困惑。"我说，"当你已经感觉不好时，为什么还要上网去看其他人光彩照人的样子？为什么要让自己感觉更糟？"

她毫不犹豫地回答道："因为你想自哀自怜。如果我今天过得不好，我会觉得一切都糟透了。这时我就会上 Instagram。我会说：'不会吧？为什么？为什么？为什么？为什么？为什么？为什么？为什么？'然后我会上去看看其他人到底怎么样。"她很有把握地告诉我，在她认识的人里，她不是唯一一个会这么做的人。

研究证实，有两种使用社交媒体的方式会导致不快乐。第一种就是格蕾丝这种，用我最喜欢的一条社交媒体建议来说就是："不要用你的内在和别人的外在相比较。"

2012年，乔安妮·达维拉（Joanne Davila）的一项研究发现，使用Facebook的大学生往往确信他们的网友比他们更快乐、更成功——尤其是当他们不太了解这些网友时。学生们也比较不同意"生活是公平的"这一说法。研究人员总结道："看起来，人们可能会把他们现实中的离线自我与其他人理想化的在线自我进行比较。"这就是"一边啃着饼干一边浏览他人的光辉形象"现象，即用你在最糟糕的一天中的感觉与某人在最佳状态时的样子进行比较。

这是一场被操纵的赌博，女孩们永远是输家。要想离开赌桌，女孩们必须打破一种习惯，即不假思索地向手机求助，以摆脱令人痛苦的感觉或想法。她们必须停下来，去思考她们自己的感受。是的，这可能很难做到，但是这么做是有回报的：当一个女孩不再求助于社交媒体去应对不安全感、焦虑感或不快乐感时，她就能够控制这些感觉的强度。

摆脱孤独的方式不一定是上网。要说上网真有什么用的话，也是增强她们的与世隔绝感。犹他谷大学发现，经常花时间和朋友们出去玩的大学生不太会同意别人生活得更好、更快乐的说法，他们也更可能同意"生活是公平的"这一说法。

第二种令人抑郁的媒体使用方式是"消极地浏览个人资料"，通常被称为"潜水"，即阅读别人发布的内容，但自己不分享任何东西。密歇根大学的伊森·克罗斯（Ethan Kross）博士针对年轻成人的研究发现，在Facebook用户中，潜水行为增强了人们的嫉妒和羡慕情绪。一项针对近300名大学生的研究发现，女性的潜水时间是男性的两倍。对于这个问题，解决方案是找到平衡：既生产网上的内容又消费网上的内容，既分享又潜水。分享所带来的他人肯定将抵消潜水可能导致的嫉妒。

在咖啡馆里，格蕾丝只是在潜水。她低头看了一眼珍发布的新图片，然后翻了个白眼。"珍在舞蹈方面并没有那么出色，"她说，"我对此很了解。当我去参加比赛和她一起跳舞时，我知道我的水平比她高。"

"是吗？"我问。

"是的。"她说，"但是对我来说，当我在 Instagram 上看到这些时，图片里的一切都显得那么真实，她比我好多了，她太神奇了。"

又一次，我感到困惑。"我直说吧，"我说，"你知道珍玩的社交媒体游戏只是烟幕弹和伪装，而且你深知你是比她更优秀的舞者，对吗？但你还是要被你所看到的东西逼疯了？"

"好吧。"格蕾丝平静了一些，"我想，当我在 Instagram 上看到她时，我觉得自己很弱。但是当我和她本人在一起时，我觉得力量倍增。这种从弱到强的变化能赋予我力量，让我感到振奋，让我感觉好一些。就像我从零分变成一百分。"格蕾丝描述自己的感受时显得很尴尬，而且一反常态地愁闷。她说让自己"从零分变成一百分"的做法是"可悲"且"不勇敢"的。

我对她说，可悲但并不少见。社会比较是一条双向道，你既可以进行"向上"的比较，将自己和心目中优秀的人做对比，也可以进行"向下"的比较，让自己凌驾于你认为差劲的人之上。19 岁的汉娜在给我的一封电子邮件中写道："如果我在网上看到一个非常'漂亮'的人，并为此而感觉糟糕，我就会想，哦，我绝对比她聪明，哈哈！虽然我知道这么想很刻薄。"

向上和向下的比较会走上同一条死胡同——导致消极情绪和更低的自我价值感。格蕾丝赞美自己的优势，以便让自己感觉好些，但是当她大量浏览自己所缺乏的东西时，她同样会感到空虚。当一种成就感的动力更多来自他人做过或没做过的事情，而非你自己内心的需求时，它就是不可持续的。这充其量是一种虚假的信心。

《青少年身体形象工作簿》(*The Body Image Workbook for Teens*)的作者茱莉亚·泰勒(Julia Taylor)博士建议，问问女孩们，当她们在与他人的比较中贬低自己时，她们能得到什么？有什么回报？她们这么做时感觉如何？这种感觉会持续多久？这里面存在长期成本吗？

泰勒建议女孩修正自己的比较——承认每个人都是不同的，而且有些比较结果可能是真实的。泰勒建议，与其说"我最好的朋友比我漂亮"，不如说"我最好的朋友很漂亮"。"试着去关注那些人是什么样的人，而不是关注自己不是什么样的人。"即使某个朋友确实比你漂亮，那也不意味着你不漂亮。这并不是零和博弈。

自尊并不是比较行为的唯一牺牲品。从拿自己和别人的成功做比较到因此而怨恨别人，只有一步之遥，所以人际关系也会受到影响。16岁的莉莉说，朋友们背着名牌包或在高档餐厅就餐的照片总是让她想到自己所缺乏的。"我会想，好吧，这个是我没有的。"她告诉我，"我不够好，或者我做不了那些事情，或者我没有那些东西。"不安全感会伴随着她进入离线状态，她说自己感到脆弱而不安全。

如果说最健康的社会比较可以帮助女孩们培养强大的自我，那么最恶劣的社会比较则会在她们与自我之间钉上无数个楔子，成为一种应对由自我表现和自我价值感引起的焦虑的工具。格蕾丝只有在贬低朋友时才能让自己感觉好一点。"我感觉很好，"格蕾丝说，"因为我比你强。"苏妮亚·卢瑟教授和她的同事们写道，"同龄人之间疯狂蔓延、持续不断的竞争"，会损害对青少年的心理健康而言至关重要的亲密关系。

当我和女孩们在一起研究应该如何明智地使用社交媒体时，我分享了西奥多·罗斯福（Theodore Roosevelt）的一句名言："比较是偷走快乐的窃贼。"在无数次和女孩们交流社交媒体给她们带来的感受后，我终于明白了，就算我们可以像许多父母已经做过的那样，整天告诉女孩们"社交媒体并不能代表现实，社交媒体是由精明的魔术师们创造出来的关于他们自己的人生的幻象"，但除非女孩们自己认定社交媒体不能成为她自我价值感的晴雨表，否则女孩们几乎不会有什么变化。

女孩可以通过改变社交媒体的使用方式来做到这一点，在这一过程中，她可以控制社交媒体对她的生活的影响。以下是具体的实践指南：

- 拒绝用社交媒体去向他人证明自己，要用社交媒体去表达自己。
- 避免将社交媒体变成竞争工具，要利用社交媒体来进行沟通。
- 不要用社交媒体去询问别人对自己的看法，要用社交媒体来表达自己的看法：关于这个世界，关于自己关心的话题，或者是关于自己。
- 选择不去利用社交媒体来放大自己的形象，而是利用社交媒体去参与更重要的事情。

- 在发布内容之前，停下来问自己几个很直接的问题：我为什么要这么做？我的目的是什么？我现在是什么感觉？然后，要愿意诚实地回答这些问题。如果我的目的是收获来自别人的满满的肯定，那么这是正确的途径吗？
- 要愿意说出并寻求除互联网外获得支持、联系和肯定的途径。除了社交媒体，还有什么资源可以让你感受到你所寻求的情感联系？当你怀疑自己的时候，你可以找谁来消除你的疑虑？

我们知道，帮助年轻女性培养对"纤瘦理想"（thin ideal）这一文化崇拜的批判眼光，有助于她们避免不健康的饮食行为。同样，对女孩进行社交媒体素养培训，可以使她们免受互联网上最有害因素的影响。

在我的研讨班里，我在房间的四个角落里放了四张卡片，上面分别写着"被排斥""不安全/焦虑""自信/快乐"以及"被接纳"。我让女孩们分组站在每张卡片下面，集体讨论社交媒体是如何让她们感受到这些的。接下来的讨论总是很有说服力：许多人意识到，对于教室里的每个人来说，社交媒体在本质上都有某种不正当的操纵因素存在。对于每一个用户而言，参与其中的代价就是某种程度上的快乐和悲伤，如何节制地利用它取决于我们自己。

泰勒强烈建议她的学生们列出最让她感到自卑的三个社交媒体账号，然后取消关注这些账户一周，看看她们是否会感觉好些。她告诉我，最令人惊讶的是，有许多女孩回答说："我不能取消关注我最好的朋友。"鉴于此，泰勒要求她们取消关注自己不认识的人。

女孩们被传授的成功法则和网上的心理健康研究之间存在着一个核心冲突。例如，女孩们被期望积累尽可能多的朋友和粉丝。然而，周慧慈（Hui-zi-Grace-Chou）和尼古拉斯·艾奇（Nicholas Edge）发现，花时间观察你不太了解的人的生活，很容易让你认为他们比你过得更好、更幸福。如果你保持较小的社交媒体圈，阅读你真正认识的人的帖子，你就更可能对他们持公平理智的看法。

让你的女儿思考一下，在所有事情上都要表现出色的压力会如何破坏她在网上的幸福感。这种育儿方式强调意识的提升：帮助女孩们超越自己的日常经验，看得更高、更远，进入有助于塑造她们的意识体系。当你知道你为什么会被某样东西困扰，并认识到这并不是你个人的问题时，你就会获得力量，甚至改变人生。

中断社交媒体也很有帮助。我经常问女孩们：如果你没有看到你的朋友们出去玩时没带上你，没有看到你喜欢的人有了新欢，没有看到那个看似非常完美的女孩，你这一天会是什么感觉？如果没有社交媒体带来的受伤的感觉，你这一天会是怎样的？那一天，是你只对身边的人敞开心扉的日子，只需删除一个 App，那一天就会到来。

退出登录，审视内心

当格蕾丝向一所没有舞蹈课程的小型大学申请提前录取时，她的朋友和家人都惊呆了。那里离最近的机场有 90 分钟路程，因此继续跳竞技舞蹈几乎是不可能的事。"这是一条简单的出路。"她告诉我，"我必须停止跳舞，另寻专长，而不是不断地跟别人比较。我真心认为，Instagram 以一种非常病态的方式成为我想暂停跳舞的原因之一。(如果我想上这所大学)我会全力以赴,而不是半途而废。"

但是这所学校拒绝了她,这对她是一个沉重的打击。前途未卜之际,格蕾丝重新考虑了她的选择。她想在大学里专心跳舞吗?她到底想做什么事?想成为什么样的人?她拿着一本便笺簿和一支铅笔坐下来,就像她说的那样,"心平气和、真诚地对待自己"。她开始问自己一些棘手的问题。"我思考自己想将这件事(跳舞)做到什么程度,希望过上怎样的生活。"格蕾丝边写边想,然后继续写。她与一位值得信赖的老师交谈并分享她写的东西。"我不再试图用欺骗自己的方式摆脱烦恼。这是我经历过的最艰难的谈话,但也是最有意义的。"

"我意识到,"她接着说,"半途而废没有问题。热爱舞蹈,有时去参加比赛,这就挺好的。我并不一定要成为米斯蒂·科普兰[一](Misty Copeland)。"她明白自己并不想把一生都献给舞蹈,也不想让父母为此花钱。舞蹈可以是一种爱好,这很好。"我想开创自己的事业。我想做比跳舞更重要的事。我想为这个世界做点什么,而不仅仅囿于舞蹈世界。我想改变世界。"

现在,她告诉我,她不再潜水,也不再拿自己去跟珍进行比较。"我没有撒谎,"她顽皮地补充道,"事实就是这样。"

我对她说,当然,的确如此。一旦她弄明白自己想要什么,什么对她来说是真实的,她就可以以此为依据制订相应的计划。格蕾丝致力于自我肯定,以及探索她自己多样的、积极的方面。当研究人员要求青少年通过书写自己的核心价值观来进行反思时,结果非常引人注目:负面事件和信息给青少年造成的威胁感

[一] 美国著名非裔芭蕾舞蹈家。——译者注

减轻了，他们更有能力应对压力，在生活中变得更有效率，他们的成绩也提高了。

格蕾丝也找到了一种更深层次的目的感，在面对充满不确定的局面时，这为她提供了支持。她说，"我想为这个世界做点什么"以及"改变世界"。当青少年有目的感时，他们会更快乐，适应能力更强。当女孩们有目的时，她们就不那么容易因为要表现卓越而感到压力巨大，也不太会说她们喜欢和同龄人竞争。

格蕾丝不必再参照别人的所作所为去弄清楚自己对自己的看法。一旦她放下手机，排除无关的声音，审视内心，答案就在那儿等着呢。但在此之前，她必须先问自己一些问题。

在网上撒谎以掩盖痛苦

要证明你的生活、身材比别人好，朋友比别人多，会导致一场心照不宣的军备竞赛，女孩们不仅要伪造图片，还要伪造生活中的事件。对一些女孩来说，这意味着要为跟上别人的步伐而努力。对另一些女孩来说，巧妙地伪造一个经过净化的网络版自我可以掩盖自己的抑郁、焦虑和无助。利用社交媒体来美化你的生活是一回事，用它来赤裸裸地演戏则是另一回事——一件危险的事。

安娜很少参加派对，她在上大学前几乎从不考虑早睡。她是一名19岁的混血儿（中国人和白人），在一所城市精英大学读大二。每个周末她都因为不能下定决心去参加派对而自责。周末晚上，坐在房间里，她确信每个人都在外面寻欢作乐，只有她是孤零零的。在一个有大型橄榄球赛的晚上，她决心努力一把：她和一个朋友穿上超级球迷装，在脸上贴上假文身，然后在朋友的套房预热了一下。她们自拍了一张，她将照片上传到Instagram，然后她们一起去了体育场。

安娜告诉我:"理论上来说,这就是我所追求的那种生活的顶峰。"但是当她坐在看台上,待在一大群穿着黄色T恤衫的学生中间时,她感到无比悲哀。她并不爱自己身边的人,也不喜欢自己所在的地方。"按理说我应该喝得大醉,充分享受人生的巅峰时刻,但是我觉得自己很孤独,担心在学校里没有自己的朋友圈。"她开始在看台上哭起来,最后提前离开了。当她走出体育场时,她的手机振动起来。

那是她的一个高中朋友发来的短信。"她说,天哪,我好喜欢你在 Instagram 上发的照片。你看上去醉醺醺的,很有大学生的范儿。你好像玩得很开心。"

安娜擦了擦眼睛,回复道:"我没喝醉。我现在很痛苦。"

"每个人都在 Instagram 上撒谎。"她的朋友回复说,"哈哈,别担心。"

这位朋友的回复在我的脑海中萦绕了很久。让我感到无法释怀的不是那句"每个人都在撒谎",而是那句"哈哈,别担心"——她对安娜分裂的表现漠不关心,轻松地接受了安娜的谎言和被她隐藏起来的痛苦。

认为一个女孩无论如何都应该是快乐的,这种论调在网上甚嚣尘上。在网上,你所投射的情感和你真正感受到的情感之间的不协调非常明显。宾夕法尼亚大学的大一学生、田径明星麦迪逊·霍利兰(Madison Holleran)的故事再真实不过地表明了这一点。在她的 Instagram 账号上,她是一个明星运动员,一位深受爱戴的朋友,一个深受宠爱的女儿和妹妹。在线下,她患有严重的抑郁症,为适应大学生活进行着漫长的挣扎,而她将这一切都隐藏了起来。2014年,她从一个停车场的9楼跳下身亡,留下了一小堆礼物：给母亲的项链，给父亲的巧克力，给刚出生的侄子侄女们的衣服，给祖父母的姜饼，最令人心碎的是，还有一本《幸福计划》。那一年她19岁。

她的朋友和家人试图理解这场悲剧，麦迪逊的一位朋友回忆起她俩一同浏览同龄人的Instagram内容。"这才是大学生活应该有的样子，这才是我们想要的生活。"她们对彼此说。但事实并非如此，麦迪逊感到挫败和不安。随着假期临近，麦迪逊一想到要面对高中朋友就畏缩了，她对朋友英格丽德说："我觉得我所有的朋友在学校里都过得很愉快。"

自杀的原因不是单一的，杀死麦迪逊的不是Instagram。现在我们也不可能知道当初怎么做可以帮助她，但是很明显，她对Instagram上精心炮制的人生图景信以为真，然后无情地断定自己没有达标。一个女孩的社交媒体账号永远不应该被当作她真实生活的快照。对于关心女儿的心理健康以及在此方面有所疑虑的父母而言，与女儿生命中的其他人保持沟通至关重要。一种方法是在社交媒体上关注你女儿的朋友，这样你就可以在需要的时候给他们留言。在高中和大学里，如果你女儿的好朋友担心你女儿，她们通常会很想和你谈谈。

家长们可以去主动了解大学提供的资源，如咨询、心理健康和妇女中心等，并鼓励自己的女儿在需要时寻求支持。除了个人咨询以外，这些项目通常会全年开展广泛的外展活动。大学还为学生提供压力管理、正念和其他支持团体。宿舍管理人员也可能是很好的交流对象。

大学毕业后情况会更棘手，特别是她的社交圈更新以后，但是，只要给她在Facebook上的朋友发一条信息，你就可以打开一条关于你女儿真实情况的沟通渠道。

当我和年轻女性谈论她们在网上提供并见证虚假的、精心策划的自我形象时，她们会朝我翻白眼。她们说："我知道，我们很明白。"然而，尽管她们觉得我说的她们都懂，她们还是会静静地关注社交媒体上的完美信息，而且，更令人担忧的是，她们常常让这些信息左右自己的喜怒哀乐。

这不是我们第一次看到女孩们声称自己对破坏性媒体免疫。2010年，苏珊·道格拉斯（Susan Douglas）教授注意到，在她的学生中有一个奇怪的现象：她们开始大量观看公开贬低女性的真人秀节目，但坚称观看这些节目没什么大不了的。她们告诉道格拉斯，她们完全知道这些节目有多么侮辱人。她们边看边翻白眼，取笑并嘲弄那些可笑的人物。道格拉斯认为，这样做会让这些女性产生优越感，觉得自己"凌驾于"那些垃圾之上。

实际上，学生们对这些图像根本没有免疫力。道格拉斯写道，她们所消费的是"老式的顶级父权制，只是伪装得好得多……用诱人的 Manolo Blahnik 高跟鞋和 IPEX 胸罩加以掩饰"。这影响了女性对自己和他人的看法。道格拉斯称这种现象为"开明的性别歧视"，即认为性别歧视已经被打败了，因此女权主义已经没有必要了。

或许现在的社交媒体也是这样，而且社交媒体不像电视，在这里女孩不仅消费，而且创造。社交媒体提供了一个充斥着虚假的，往往带有性别歧视色彩的女孩的自我形象的世界。这勉强算是一场虚拟真人秀，女孩们在这里表演自己传统意味上的女性特质，展示她们作为超级朋友、派对女孩以及物欲横流、性感的一面。这是一个充满假象的世界，女孩们对此十分清楚。她们对它翻白眼，抱怨它，对加了夸张的滤镜，看上去与发布者毫无相似之处的照片嗤之以鼻。

但她们无法转移目光,她们停不下来。伊莎贝尔对我说:"你不知道我读了多少文章,所有文章都在说我不应该相信(我在网上看到的东西),也不应该为那些东西而感到难过。我知道那些东西都不是真的……可接着我看了一眼手机,有人正在分享一顿浪漫晚餐的照片。在那一瞬间,我忘记了她们的生活并不完美。我只记着我又饿又累,而她们却有一个可爱的另一半给她们送去食物。"

女孩们会对社交媒体采取一种同时充满厌倦、矛盾和极度脆弱感的态度,因为她们从来就不知道没有社交媒体的世界是什么样的。她们别无选择,只能忍受和适应。"这有点像你在生活中有一个朋友,"玛雅解释说,"你喜欢她,你和她聊天,当有人问'你们俩怎么会是朋友'时,你会说'不知道,因为是所以是'。那些人已经在你的生命中存在了那么久,所以她们永远都会留在你的生命中。"

这是一个很高明的比喻。友谊必须被仔细监控,以确保它能满足我们的需求。社交媒体也是如此。有时候,因为没有哪个朋友可以满足我们的全部需求,所以我们需要有一些个人空间(以便我们能自己满足自己的需求)。另一些时候,我们不得不直言不讳地质疑人际关系中那些不利于我们的成分,尤其是当它们伤害到我们的感情时。对待社交媒体也应该如此。

ENOUGH AS SHE IS

第 3 章

女孩的身体羞耻感

> 每一天我都在想我看上去是什么样。
> ——比安卡，17 岁

女孩们还没到可以端起自助餐厅托盘的年龄，就已经开始担心发胖了。体重焦虑最早会在学龄前出现。在小学阶段，有 40%～60% 的女孩会监测她们的体重。到了青春期，有多达一半的女孩已经在进行极端的节食，包括禁食、催吐、使用泻药和减肥药。也就是说，每两个女孩中就有一个在这么做。

林迪·韦斯特（Lindy West）在她的回忆录《尖叫》(*Shrill*)中写道："我不在乎我们能把多少女性送上太空，在这个世界上，女孩们在成长过程中依然会发现，胖女人会被嘲讽、公开辱骂，人们会将她们的肥胖与道德和智力上的失败联系在一起。"女孩的外貌影响着她的潜力，正如这会影响到她的思考方式、学习方式以及与他人的沟通方式。没错，我们已经取得了很大进展，但是还不够。

　　就算一个女孩能在思想上摆脱社会观念的束缚，她可以成为任何她想成为的人，她也仍然在承受女性长期以来受到的压迫：她无法让自己变成自己喜欢的任意模样。女孩仍然被期望能拥有陈腐的刻板印象所要求的女性气质，在这方面，她们仍然必须追捧比基尼自拍照、聚拢胸罩、低腰紧身牛仔裤等。女孩可以有远大的抱负，但她仍然被期望身材娇小。

　　事实上，如果你想知道我们还需要取得什么进展，不妨请一群女孩来谈谈她们的身体。你很快就会发现，身体绝不仅仅是身体，它还是女孩的自身价值感、可爱程度和潜力的晴雨表。我们厌恶肥胖、崇尚纤瘦的文化把纤瘦的身材变成了终极资产，它可以带来源源不断的其他宝藏，如财富、智力、朋友等。女孩们习惯性地认为瘦子在所有领域都很成功，而超重的人既不讨人喜欢又懒惰。考特尼·马丁在《完美的女孩，饥饿的女儿》一书中告诉我们："如果你超重了，即使你聪明、有活力、有趣、敬业，你也没有机会过上完美的生活。"

　　纤瘦理想，即拥有理想化的、传统观念中的纤瘦身材，分散了女孩们对日常工作和生活的注意力。人们认为，从青春期开始，关于身体的破坏性想法是女孩患抑郁症的比率比男孩高一倍的主要原因之一。大学女生是所有群体中最容易患饮食失调症的。我们很少谈论身体形象和身体羞耻感，这些已经成为女孩成长过程中的白噪声，我们知道它们存在，但很少对其加以讨论。

　　事实上，我为写这本书而采访过的女孩大多认为，她们的头脑和身体被围攻的程度很正常，这只是身为女性必须面对的事实而已。但是，当我们把女孩们的痛苦理解为一种成人仪式时——

比如说，曾经有无数代人就是这么看待"刻薄女孩"的霸凌行为的——我们就会将女孩在其人生最艰难的阶段的不作为合理化。我很早以前就知道，女孩们的沉默或耸肩很少代表一切太平，它几乎总是指向一种秘而不宣的痛苦挣扎亚文化。

在这个问题上，人们仍然在保持沉默。我们只在女孩们明显生病时才会真诚地关注女孩们的身体。紧急情况下的干预可以让一些令人不安的行为，如饮食限制、身体强迫症和身体变形等被重新命名为少女期副效应。正如美国饮食失调协会（National Eating Disorders Association）首席执行官克莱尔·梅斯科（Claire Mysko）告诉我的那样，我们"使那些食物、体重和身体形象已成为其生活的主要破坏因素的人更容易看着别人说，那不是我，我没那么病态"。

这就是为什么本章要关注的不是饮食失调的女孩，也不是忍饥挨饿、大吃大喝或催吐、吃泻药的女孩。这一章关注的是如何支持大多数年轻女性，她们每天都要应对身体形象带来的令人筋疲力尽的挑战。她们是正常人，对她们来说，身体监控是一种隐形的、如影随形的疾病，是一种认知病毒，被感染后，关于吃什么、几时吃、什么时候锻炼以及如果不锻炼（或不能锻炼）意味着什么的问题，会扰乱她们的每日活动和人际关系。

本章将探讨为什么身体不仅仅是一副躯体。它正日益成为一个自我表现、奋斗和获胜的工具，在这一层面，女孩们的自信、勇气和真实性都受到了损害。在撰写本章的过程中，我认识到赋予女孩们力量的工作不能只停留在思想上，父母决不能止步于理解女孩们的生活中的身心关联，父母还得帮助她们改造这一关联。本章将教你如何去做。

衡量一个女孩：变化中的身体

少女期和身体形象问题与青春期爆发性发育的结果相冲突。随着青春期临近，女孩的身体发生了根本性的变化。体重增加可能来得既突然又令人困惑，让她觉得已经失去了对自己身体的控制。曾经符合文化所要求的纤瘦身材——臀部苗条、胸部扁平的身体，现在变得更宽、更软、更厚。这时候，她的身体形象（即当她照镜子时所看到的自己，或是她在脑海中描绘的自己）被扭曲了。对身体的自我批评会在青春期加强——"我为什么要穿那套衣服？我现在太胖了。如果我不点沙拉，所有人都会认为我胖。我吃得太多了吗？我要不要再跑上十分钟？"

注意力分散程度也一样：在课堂上，一些女孩开始把衬衫拉下来，以掩盖被自己察觉到的赘肉。当她们做笔记和听课时，会交叉并扭转双腿以便让脂肪看上去少一些。她们坐在椅子的最高处，抬高腿，脚趾点地，这样她们的腿就不会碰到椅子，她们看起来就会更瘦。随着她们的上网时间增长，她们会不断接触到大量经过不可思议的美化甚至变形的照片。

青春期晚期是一个过渡期，女孩们可能会迎来新学校、新家和新工作。此时，女孩们压力很大，她们必须建立新的社交网络，寻找新的心理支持来源。在大学里，许多女孩第一次在没有父母指导的情况下选择自己的膳食，并决定如何以及何时在一个24小时健身房锻炼。女孩们的睡眠和饮食习惯都会改变。青春期变化已经定型，她们必须开始接受自己的身体状况。

在这一时期，要在各个领域都出类拔萃的压力越来越大，这种压力也日益呈现在女孩们的身体上。她们要扮演各种相互冲突的角色——学者与性感女郎、世界改变者与骨瘦如柴的女孩，而这些冲突就在身体上相遇、碰撞。仅仅是瘦已经不够了，如今你的身体必须有自己的"简历"。"你是怎么变瘦的"和"你是否够瘦"一样重要。你跑步吗？骑车吗？举重吗？你是吃无麸质食物、生食、纯素饮食，还是旧石器时代饮食？你喝果汁吗？你做束腰训练吗？就是晚上睡觉时穿紧身胸衣，是的，就像维多利亚时代的那种紧身胸衣，以便缩小腰围。（一个女孩告诉我："这看起来很奇怪，但它不会损伤你的内脏。"）你在社交媒体上记录这一切吗？

很多女孩像使用 Instagram 的发布功能一样使用自己的身体，将它作为一个平台，向他人展示自己精心构建的形象。如果你看上去很棒，就不会有人知道你在担心自己化学不及格。如果你看上去很棒，大家就会认为你很有能力。"腹仇者联盟"（revenge body）是一场名人为了报复被朋友或伙伴亏待而进行的自我改造，在 2017 年伴随着科勒·卡戴珊（Khloé Kardashian）的同名节目而大红大紫。《名利场》（*Vanity Fair*）杂志称，被人抛弃后改变自己的身体是"一种做点事情从而让自己觉得一切仍在掌控中的方式"。24 岁的凯特琳解释道：利用自己的身体，你可以证明一些事情，你可以通过证明你在生活的某个领域有所成就来让你生活的其他方面看似井然有序"。瘦不仅能给人以信心"，17 岁的越野赛跑运动员阿米拉说，还能带来人们对我的认可。

如果像马丁所写的那样，"美丽是成功的第一印象"，那么超重就不仅仅意味着一条宽松的裤子了。它是不断逼近的风暴云。杰西卡·韦纳（Jessica Weiner）在《多 5 磅，有啥关系？》（*Life Doesn't Begin 5 Pounds from Now*）一书中写道，被贴上"胖"的标签意味着你是一个"彻底失败的女孩"，一个"令人讨厌、凌乱、丑陋、失控、愚蠢、懒惰、不受欢迎"的女孩。身体可以成为一一个女孩自认为的失败之处的最显著象征。

凯特琳补充说:"如果你不能获得你想要的那种身体,你在这方面失败了,就好像你在人生中的其他成就领域也会失败。如果我不瘦,我怎么能指望自己学习好?怎么能一直当好学生?怎么能获得经济上的安全感?怎么能获得友谊上的安全感?总之,这会让你对其他事情产生怀疑。"

阿米拉说得更直截了当:"如果你没有优秀的外表,你就不可能有优秀的内在。"

另一方面,对于渴望知道自己做得正确的勤奋的人来说,减肥是切实的进步。就像 Instagram 帖子增加的点赞数,以及在线评分平台上 GPA 的飙升,身体可以给他们提供即时满足感:早餐前平坦的腹部,穿更小码的牛仔裤,新自拍照下一大堆赞美你苗条的评论。马丁写道:"我们花了四年时间才能让我们的大学文凭上出现'优等生'的字样,但是站到秤上,我们立刻就能知道自己是成功了还是失败了。"身体可以公开宣示自己的成功,其他成就可能就没那么明显了。你可能看不到某个女孩的考试成绩,但哪怕隔着院子,你也可以看到她完美的臀部。

身体还能提供一种令人激动的控制感。教授不公平,大学毕业后的工作很沉闷,周六晚上过得很无聊,这些大多都是你无法控制的,但是身体呢?那是无可争辩、完全属于你的。一位大学生对我说:"我确实可以控制吃什么以及用自己的身体去做什么。如果我连这都无法控制,那还有多少东西是我可以控制的?"

然而,无论女孩看向哪里,餐厅里、健身房里,或在课堂上,她都会看到一个更好、更紧致、更纤瘦的身体,那是她没有或无法拥有的。有人的大腿间隙更宽,鼻子没那么突出,臀部更圆,腰更细,牙齿更整齐,汗毛更少。她可能是你怨恨嫉妒的人,甚至可能是你最好的朋友。

身体总是在那里。当你在镜子里看到自己粗壮的胳膊或圆鼓鼓的小腹时,你会感到很沮丧。凯特琳对我说:"当你醒来时,你的身体就是你的了。你没法把它放在一边。你可以五点离开办公室并选择是否把工作带回家,但你无法把身体丢在一边。"身体是你不可分割的一部分。

女孩们很清楚,别人对她们的看法会影响她们成为什么样的人。17岁的伊亚娜告诉我,不管你的目标是什么,不管你是想"参加所有俱乐部和所有活动,日后会成为总统",还是想当"把手规规矩矩地放在大腿上的家庭主妇",你都最好很瘦。"要想成功,"她说,"无论如何,也不管你是什么身份,你都必须拥有一个体面尺码的身材。"

当你和女儿讨论身体形象时,要记住两个关键点:第一,她在镜子里看到的自己可能和你眼中的她完全不一样;第二,当你用消极的方式提醒她注意自己的身体时,哪怕你是为了帮助她,她也几乎总是会把这理解成自己既没有达到一个女孩应有的样子,也没有达到你对她的期望。如果女孩们赋予自己的身体关于成功、可爱和自我价值的意义,那么你对她身体的评论可能会被她看作是对所有这三者的评论。

即使你没想批评她,她也很可能认为你在批评她。你不妨这样想一下:众所周知,女孩们很喜欢把吼叫理解成批评,即使你根本没吼叫。在身体方面,她们也同样敏感。女性总是把耳朵竖得高高的,去捕捉隐蔽的批评。"你打算吃(或点)那个吗"会立刻被解读为"你消耗不了那么多卡路里"。"你不想在毕业舞会上显得好看些吗"会被解读成"不管你吃什么,都会让你变得太胖,显得毫无吸引力"。"你真的还觉得饿吗"会被理解成"你吃那么多,你看上去不可能好看"。

这样的对话会十分沉重。一方面,你女儿需要你向她说清楚,她的长相不是衡量她的性格、能力或潜力的标准。然而,周围的世界一直在告诉她情况恰恰相反:不止社会地位和成功,事实上,生活中的所有好事情,都与外表有着千丝万缕的联系。你可能会被推到一个非常矛盾的境地。是的,你的任务是提供躲避有害信息的港湾,但这样做可能让你自己成为一个靶子。她可能会用令她倍受折磨的信息向你发动攻击:"你认为大家真的在乎我有多友善?你根本就是在胡说八道。"当她在更衣室里崩溃时,或者当她坐在你的车里幽怨地凝视着窗外时,她对你的第一反应不会是温暖的感谢。这对父母来说是很大的考验,它既让人筋疲力尽,又让人毫无成就感。

在这种时刻,她需要你提醒她,她不仅仅是一个数字——不仅仅是她的体重、牛仔裤尺码和体重指数,不仅仅是她今天摄入了多少卡路里或是锻炼了多少次。请问,你最爱她哪些与她的外表无关的东西?茱莉娅·泰勒博士建议大家帮助女孩们与她们喜欢做的事情、她们的古怪特质或她们扮演的重要角色建立情感联系。她的朋友或家人会用哪三个积极的词来形容她的性格?如果一种文化让女孩的价值沦落为她身体的价值,父母就必须介入,明确告诉她,她的价值远不止这些;提醒她,别人更好的特点并不能抵消她自身的价值。有句话说得好,别人漂亮并不意味着你丑。

如果她超重了,请记住,她几乎无从逃避那些会让她感到羞耻的信息。你的批评尽管用心良苦,却会剥夺一片让她觉得自己是因为内在而被爱的绿洲。在她的体重与她所珍视的东西之间制造对立——"你再胖下去,你的男朋友可能会对你失去兴趣"——

企图借此来激励她，这恰好与安全的激励因素截然相反。它只可能导致她做出极端的、不健康的选择，这些选择源自恐慌或愤怒，而不是真正的自我改变的欲望。

除了极少数例外，基于外表的身体评论会强调一个信息，即一个女孩的首要考虑项应该是她的外表。有证据表明，父母对女儿外表的警觉性远超过对儿子的。2014年，在谷歌上搜索"我女儿超重了吗"的父母数量比搜索"我儿子超重了吗"的多大约70%，尽管事实上男孩的超重程度往往略高于女孩。

成年人对女孩的身体发表的唯一评论应该是强调如何让身体强壮起来，以胜任它的众多任务，无论是学习、运动还是工作。对身体的喜爱，真正的、可持续的喜爱，永远不会来自外部。

与其谈论你女儿的体重，不如考虑改变关注点。体重与人们期望她的身体如何符合社会要求直接相关，这立刻会引发一个问题：我是不是太重了？相比之下，关注身体可以撒下更大的网。你的身体现在需要怎么做才能强壮起来？它如何才能让你感到快乐？你为你的身体能做到什么而心怀感激？如果说谈论体重会使一个女孩专注于取悦他人，那么关心她的身体则会要求她维护自己的权威。她越是专注于他人的期望，就越听不到自己的想法和需求。我们知道，当一个女孩能够明白她的身体理当为自己而非为他人服务时，她就会发展出健康的身体形象。在有组织的运动中尤其如此。女子运动基金会提供的数据显示，女运动员比不运动的女孩拥有更积极的身体形象（也更自信）。

让她知道你为什么对自己的身体心怀感激。也许是因为你的身体让你可以走很长的路或骑自行车，也许是因为你的身体能使你做重要的工作或照顾你爱的人。你喜欢你身体的哪些方面？你喜欢你女儿身体的哪些方面？你会因为你的身体能使你做什么而对它充满感激？父亲的观点同样重要。

你作为文化批评者的观点至关重要。要指出广告和屏幕上出现的不自然的瘦子。你可以说，"你知道没有人真能长成那样，对吧""你能想象为了长成那样，她每天得锻炼多少小时，只能吃一丁点儿东西吗？"或者"好吧，如果我也有个私人教练，或许我就可以有那样的臀部了，但现在我有更重要的事情要做"。我们知道，在媒体运作方面受到过教育的女孩，更清楚媒体操纵身体和扭曲消费者认知的方式，她们也拥有更健康的身体形象和饮食习惯。此外，相信我，即使你什么也不说，她也会考虑上面那些。

被逼分心：对身体的过度思考

我遇到的女孩对我倾诉了她们关于自己的身体的近乎无情的想法。身体焦虑将认知资源从学习、人际关系和活动中分流出去，更不用说精神方面了。17岁的比安卡告诉我，从六年级开始，"每天我照镜子时都会想，'今天我看上去很好，或者今天我看起来很糟，或者我看起来是像这样的'。这些想法如影随形。每一天我都在想我看上去是什么样。"

"这是一种潜在的东西。"她接着说，"当我和朋友们一起运动时，我会想'我穿着运动服看起来怎么样'，当我以某种姿势和别人坐在一起时，我会怀疑自己是不是看起来很胖。"高中时，她在数学课上会努力屈伸腹部来锻炼腹肌。"要知道，我正在上数学课！"她对我说，"我应该专心学数学！我在做什么呀？"在自己的房间里做家庭作业时，她经常停下做仰卧起坐，她父亲会把头探进来鼓励她这么做。

当寄宿学校晚餐供应意大利面时，高三学生卡维亚小心翼翼地装了半盘子意大利面。"如果由我决定，我会吃上两盘。"她告诉我，"但我觉得大家都在看着呢。（她们可能在想）'她怎么吃得下那么多'，然后她们可能会更多注意到我，会说'她真的很重'，还会说'哦，现在找到原因了'。"她的朋友劳伦透露，她高二的大部分时间都在关注自己的大腿间隙有多宽。她对我说："我花了很多时间审视自己，而且是用某种非常挑剔的目光。有很多时候我本可以和朋友在一起，但我只是在房间里盯着自己看。"

这些女孩从外表看都是非常正常的，但在内心里，种种焦虑的想法是如此具有破坏性，以至于我认为她们所承受的认知负担，无异于背着一个 50 磅重的背包度过一生。在被强迫性的想法压得喘不过气来的情况下，这些女孩是如何做到在生活中如此高效的呢？（她们确实很高效。）一个女孩告诉我，她在图书馆里花了一个小时说服自己不要吃烤饼。这使她少做了多少事啊！心理学家给出的答案是，女孩的大脑已经筋疲力尽——女孩（而不是男孩）的身体监控会导致思考过度和抑郁。

女孩们分心的频率有多高？我找不到任何能回答这个问题的研究，所以我决定自己找出答案。去年，我和面向女孩的在线通信公司 Clover Letter 调查了近 500 名从 15～22 岁的女孩。近 40% 的受访女孩表示，她们每天至少有 6 次因为考虑自己的外表而分心；近 1/5 的女孩承认，她们每天考虑自己的外表有 10 次或更多。学业是她们最担心的事，外表排在第二位。比起友谊，她们更担心应该吃些什么；比起爱慕对象，她们更担心自己的运动量。大多数女孩说，对自己外表的担心有时会妨碍她们从事自己喜欢的活动。

如今的男孩们所面临的外表压力超过了以往任何时候，女孩们也面临着特殊的障碍。进入青春期后，她们日益成熟的身体被迅速标记为性对象。在这一时期，她们以前所未有的频率受到同龄人和成年人色眯眯的目光的侵犯。在美国，有超过一半的7～12年级女生说她们在学校受到过性骚扰，但只有9%的女孩将此事说了出来。英国女童子军的一项研究显示，2014年，在13～21岁的女孩中，有60%的人报告称在中小学或大学受到过性骚扰；有20%的人说，她们遭到过违背自己意愿的抚摸。此外，女孩在网上遭遇骚扰的程度高得不成比例——皮尤研究中心调查发现，在18～24岁的女性中，有26%的人遭遇过网上骚扰，有25%的人是网上性骚扰的目标。

女孩们是在青春期适应性别规范的，这是一种文化潜规则，告诉女孩们应该有什么样的外表和举止。这时，她们开始控制自己的身体和声音，努力占据更少的空间，这样她们才会被别人喜欢，被认为有价值和有吸引力。

这些变化的总和（包括性成熟、被他人物化以及力求被他人喜欢）被心理学家称为自我物化（self-objectification），在那一刻，女孩把自己视为主要价值基于自己的外表的物体。自我物化与学业和社会问题、饮食失调、抑郁以及身体羞耻息息相关。在调查中，11岁的女孩身上就已经出现了这种现象。心理学家称，这方面的性别差异是如此之大，以至于女孩在这一领域所面临的挑战"远远大于男孩所经历的"。

不同族裔和种族的女孩之间差异没那么明显。一方面，黑人女孩和妇女似乎比白人女孩和妇女拥有更积极的身体形象，部分原因在于，众所周知，黑人女性心目中的理想体型的尺码比白人更大。在一项研究中，当黑人和白人青春期女孩被要求定义她们的理想美貌时，黑人女孩更倾向于说出骄傲和自信等个性特征，白人女孩则谈论金发和颧骨等生理特征。黑人女孩比白人女孩更容易说出自己身体上有优点的部位。

在刻板印象中，黑人女孩一直被认为对饮食失调和纤瘦理想具有免疫力，这导致许多人认为这些问题是"富有的白人女孩才有的问题"。这是一个危险的误区。谢丽·格雷布（Shelly Grabe）和珍妮特·海德（Janet Hyde）对近百项研究所做的荟萃分析显示，有色人种女性和白人女性一样苦恼。众所周知，西班牙裔和亚裔美国女孩对身体的不满意程度最低。研究人员得出结论认为，问题的要害"可能不在于文献资料中宣扬的黄金女郎理念㊀"。

富裕女孩似乎更容易担忧自己的身体形象。研究人员将该问题归结于一系列紧密联系、自我强化的因素：这些女孩通常由母亲抚养长大，而这些母亲为自己的身体形象而焦虑，而且这些女孩在压力水平很高的社区长大，并具有饮食失调的遗传倾向。此外，她们在学校里的同龄人跟她们有着相同的苦恼。

肥胖谈话总是发生在朋友之间

在一天之内，大多数女孩都会听到同龄人无数次贬低自己的外表。"'天哪，我看起来真丑。我太胖了。'"16岁的劳伦引用她朋友的话说，"或者当大家为在Snapchat上发照片而拍照时，她们会说'哦，我看上去太恶心了。我太胖了'。"

16岁的艾米在公立高中上洗手间时必然会听到一片自我批评的声音："我看起来糟透了。今天我的脸看起来很胖。"

㊀ 该理念源自一本叫作《黄金女郎》（*Golden Girl*）的书，促使女孩思考自己应该成为什么类型的女孩。——译者注

马丁称之为"自怨自艾的仪式语言",心理学家称之为"肥胖谈话"(fat talk),或"身体抨击",这是心照不宣的少女期会费之一。

肥胖谈话能在短时间内做到三件事:首先,它为女孩提供了一个表达身体羞耻感的发泄口,其次,它能让女孩获得一些安慰(你不胖,你看上去棒极了!),最后,它能启动对话。肥胖谈话在女孩中几乎无处不在。2011年,蕾切尔·索尔克(Rachel Salk)和蕾妮·恩格林-马多克斯(Renee Engeln-Maddox)进行的一项研究显示,有90%的女大学生进行过肥胖谈话,尽管只有9%的人超重。肥胖谈话几乎只发生在那些实际上并不超重的女孩身上。这一点儿也不令人震惊,因为朋友之间很少谈论肥胖症。

肥胖谈话的诱惑在于它能让女孩子们聚在一起。有很多女孩借助它来活跃气氛、交朋友。"哦,你讨厌你的大腿?呃,我受不了我的肚子。"这是女孩们很小就学会的二重唱。自我贬低总是会换来恭维——"不,你不胖,你看起来很棒,你这么说真是疯了。""你看起来一点也不糟糕。""不,看上去让人恶心的是我!"

有的肥胖谈话始于恭维。"我们会说'我希望我长得像你,或者有你这样的腹肌'。"一名24岁的女性解释道,"另一个朋友会说'我希望我像你一样瘦'。"这样一来,一种虚假的亲密关系就建立起来了——一种感觉独特,甚至是发自内心的关系。通过肥胖谈话建立起来的人际关系是以个体遭到贬低为代价的。它也让女孩们成为自大狂助推器,因为她们用不断损害自己的自我价值感的流行做法来支持自己的朋友。

你可能会想,哦,拜托,这只是一个说我觉得自己很胖的小玩笑,别夸大其词。但这远非无害的闲聊。对几项研究的分析表明,肥胖与身体羞耻、身体不满甚至饮食紊乱都有关。在一项研究中,大多数胖女孩告诉研究人员,这么做让她们对自己的身体感觉好一点,但是她们的身体满意度依然比较低。

女孩们认为,当她们进行肥胖谈话时,会更讨人喜欢,尽管她们私下里说她们更爱与喜欢自己身体的女孩交往。那么,你用说自己肥胖换来的那些赞美呢?其实,说自己爱听身体恭维(这往往是用说自己肥胖换来的)的女性往往会有更高的身体不满意度和身体监控水平。

肥胖谈话更像是一种期望,而非一种选择。如果你的朋友说她很胖,那么告诉她她长得很漂亮往往是不够的。不成文的规则是,你必须宣布你觉得自己也像头奶牛。研究证实,肥胖谈话是"有传染性的":当一两个女孩这样做时,其他女孩也会跟风。不过,索尔克和恩格林-马多克斯的研究给了我们一个惊喜:女孩们所认为的别人进行肥胖交谈的频率往往远高于实际情况。女孩们越是看重苗条,就越容易这样想。研究人员称之为"指令性规范",即你做某件事是因为你认为你的朋友在这么做。(在大学里饮酒也是如此。学生们错误地以为大多数同龄人都在饮酒,这种想法反过来又促使他们去饮酒。)

当我听到一个女孩进行肥胖谈话时,我会想象她正让某块肌肉做屈伸运动。当她说"那场考试我考砸了"或者在课堂上发言时说"我不确定这是否正确,但是……"时,她在屈伸同一块肌肉——自我挫败的肌肉。她越是使用这种肌肉,就越不会去锻炼那些自我肯定的肌肉。不管肥胖谈话听上去有多么随意,它的本质都是习惯性地侮辱自己。

要帮助你的女儿停止肥胖谈话,以身作则是最好的办法。母亲实际上是正在康复中的女孩,我们中的许多人将青少年时期形成的习惯带入成人期。恩格林-马多克斯对数千名16～70岁的女性进行的一项研究表明，肥胖谈话会在女性的整个生命周期中持续。另一项研究发现，男性也会进行肥胖谈话，只不过规模较小。你现在要问问自己，你是不是经常这么做？你是不是在这方面给自己的女儿做了不良示范？

你是不是经常谈论以下问题：你吃了多少？吃了什么？你锻炼了多久？你多久没锻炼了？你的表现有多"好"或多"坏"，你有资格（或没资格）吃一些会导致发胖的食物吗？另外，你是不是经常说别人的体重或外表比你"好"？你是不是会对别人吃（或不吃）什么东西发表评论？你会不会通过谈论身体缺陷或盯视某人"更好"的身体来与他人建立情感联系？所有这些都符合肥胖谈话的标准，女儿们在看并且在听着呢！

伊亚娜告诉我，父母"需要更多地意识到他们所做的每一件小事都有多么重要"。在一个肥胖谈话泛滥的世界里，沉默可能是一种强大的策略。一个女孩的母亲记得，自己的父亲从未对她的（或是其他任何女人的）容貌和身材发表过评论。"随着我年龄增长，经历了其他'父亲形象'对女人发表评论，哪怕只是一些相对无害的话，比如，'哦，那个女演员的身材很好'，我意识到，在成长过程中能够免遭成年男性的这种评论是一件多么值得庆幸的事情。它对于保护我的自我意识起到了不可思议的作用。"

如果你不确定自己是否经常进行肥胖谈话，就问问你最亲近的人，包括你的女儿。无论答案是什么，都要勇于面对。然后许下承诺不再进行肥胖谈话。更好的做法是，对你的女儿和朋友说，一旦听到你进行肥胖谈话，就提醒你。这是一种根深蒂固的习惯，它可能是无意识的。

专家认为，人们把肥胖谈话作为分享难受感觉的途径。在

Facebook 上说你"觉得自己胖"（Facebook 上的状态选项之一，于 2015 年被删除），要比告诉朋友你有多害怕或感到不安全更容易。一些女孩把对自己身体的焦虑作为远离合理的冒险，不从事自己喜欢的活动的理由。一个想参加学生管理组织竞选的女孩因为担心自己不够受欢迎而退出竞选，她说她不受欢迎是因为她的身材和发型不好。一个想加入运动队的女孩则认定自己不够瘦，不能参加比赛。

泰勒建议女孩们对肥胖谈话进行深挖掘，让推动谈话的情感浮出水面。举个例子，假设一个女孩说"我穿所有裤子看上去都很胖"。想想她的真实感受。她是不是出门时会感到害羞或紧张？她现在需要你提供什么？情感联系？慰藉？用能帮助她找到不安全感的深层原因的问题引导她。下一次当你很想进行肥胖谈话时，不妨问自己同样的问题。

让女孩们停止对肥胖谈话做出反应则更为困难。拒绝进行肥胖谈话，或改变话题以避免开始肥胖谈话，可能会让女孩们觉得你对她们漠不关心。肥胖谈话是与谦虚有关的女孩潜规则之一（当别人谦虚时你得贬低自己，否则会被视为自负）。这就是为什么有话直说是最好的策略。

女孩们可以告诉自己信任的朋友，自己已经发誓不再主动进行肥胖谈话，并希望停止加入他人的肥胖谈话。她们可以通过改变自己的措辞来改变自己对所爱的人的关心方式："听到你这样谈论自己，我很难过。"她们还可以说出自己的观点："我认为肥胖谈话伤害了我们所有人。"

事实上，肥胖谈话对于听到它的超重女孩来说很残酷。深深根植于"我看起来胖吗"这种随意的问题中的，是对超重的真正恐惧。韦纳告诉我，肥胖谈话是在提醒人们："大家害怕变成……

你。"每当一个女孩在一个超重的同龄人面前进行肥胖谈话时,她都会传达出这样的观点:她宁愿"死也不要胖",以及"拥有一个胖人的身体是可以想象的最糟糕的事情"。选择停止肥胖谈话不仅仅是为了心理健康,也是一种道德选择和良心行为。

镜子镜子,谁是社交媒体上最瘦的人

我们早就知道电影、杂志和电视会损害青少年的身体形象感,新媒体的影响却鲜为人知。大多数教育者和家长认为,社交媒体给人们带来的最紧迫的威胁是它可以被当作实施虐待或犯罪的工具,因此他们很关注"数字公民权"。但随着智能手机拥有者的最低年龄在迅速下降,新媒体所造成的最大问题已经改变。

社交媒体已经成为一面有害的镜子。2016年,心理学家发现了第一个跨文化证据,这一证据将社交媒体的使用与青少年的身体形象担忧、节食、身体监控和自我物化联系起来。女孩们面临的变化非常剧烈:在前互联网时代,你必须去杂货店里才能看到一本以名人的身体为主题的杂志,或者至少得去卫生间里悄悄拿走你母亲的杂志,但现在,图像源源不断,而且随处可见。女孩们会花上几个小时盯着名人们健美的手臂或臀大肌看,名人们不仅卖弄自己的才华,也卖弄自己的身体。

诸如Facebook、Instagram和Snapchat这样的视觉平台将女孩们的身体放到了聚光灯前。过去女孩们曾经把自己的身体与她们永远不会遇见的模特进行比较,但现在,社交媒体让她们将自己与宿舍中或家里的某个人进行比较。一项研究发现,在大一学生中,女性比男性更有可能说Facebook令她们感到自己的身体很差劲。另一项研究发现,在Facebook上发帖、贴标签及进行编辑，与体重不满、追求纤瘦和自我物化有关。最容易受到不良影响的，是那些把自己的大部分时间花在发帖、评论以及将自己与他人的照片进行比较上的用户。在 Facebook 上这样做的女大学生更有可能将自我价值感与自己的长相联系起来。2016 年底，研究人员发表了关于 Instagram 对身体形象的影响的首次研究的结果。他们对女大学生的研究证明，"过度接触纤瘦迷人的女性名人形象，会很快对女性的情绪和自我身体形象感产生负面影响"。

一系列免费的 App 的出现，使自拍狂们可以改变自己的身体，其效果几乎可以与化妆品和其他美容产品媲美。如果说互联网一直被称为伟大的民主化工具，那么社交媒体的作用就是让任何人都可以参加选美。所有这些都让人产生一种掌控自己的错觉：如果我花更多时间认真去做，我就能让自己变得更美。一个年轻的女性告诉我："我没法选择今天出门时的模样。如果可以，我会让我的身体变成另一种模样。不过，我可以选择哪一张照片能让我的手臂看起来更瘦。"青少年们只要用手指一划，就能掩盖粉刺、美白牙齿，把自己的形象塑造得更漂亮、更瘦、更性感。韦纳告诉我："今天很多女孩最崇拜的身体偶像都不是那些家喻户晓的名字。"

确实，正如专门研究社交媒体和身体形象的吉尔·沃尔什（Jill Walsh）博士告诉《纽约时报》的那样："女孩们并没有像人们以为的那样将自己和媒体上的理想形象进行比较，而是在和同龄人进行微比较。这不是'我'和吉赛尔·邦辰在穿着比基尼进行比较，而是我和好朋友艾米在穿着比基尼进行比较。"

这样做可能会让追求纤瘦理想的人觉得更容易达到目标，但也可能加剧女孩之间的竞争。2016 年对 Instagram 进行的研究发现，观看名人的照片所导致的负面影响，与观看纤瘦、迷人、不知名的同龄人的照片所导致的负面影响没有区别。研究人员写道，Instagram"在一个平等的平台上同时展示二者（即名人和同龄人的照片）"，而且由于名人会发布他们的私生活照片，所以"观众会觉得自己与他们有着更深的个人情感联系"。在我与Clover Letter 公司的调查中，有1/3的女孩说，观看社交媒体会让她们对自己的外表感觉更糟。

也不全是坏消息。许多女孩启动了关于网上身体形象的政治话题，通常是对纤瘦理想进行反击。这项运动也被称为"身体积极性"（body positivity）或"肥胖接纳"（fat acceptance），它挑战肥胖恐惧症和体重偏见，鼓励人们接纳任何尺码的身体。它认为，肥胖并不是一种道德缺陷，而往往是新陈代谢放慢、社会经济状况以及各种非"意志力"因素综合导致的结果。此外，一些研究表明，节食会损害身体的新陈代谢，其他研究则认为，从长期来看，减肥的效果很少是可持续的。

在Instagram上，诸如"我叫杰西曼"一类的账号会发布真实的、曲线优美的女孩和女人的照片。在一篇帖子中，杰西曼·斯坦利（Jessamyn Stanley）写道："我的身体是我的力量的缩影，它值得尊重。最重要的是，我的身体只属于我。不管仇恨者们怎么说，这具身体是属于我的。我会向它证明它有资格获得怎样的尊重。"斯坦利有28.3万个粉丝，这张帖子赢得了近万个点赞。

韦纳说，这些女孩利用社交媒体"让隐形的身体变得可见"。互联网"让女孩们在世界各地建立了先前不可能形成的社区和联系，这对于那些有色女孩来说尤为重要，因为她们经常被排除在围绕身体形象展开的主流对话之外"。对于感到孤独和被误解的女孩而言,"陌生人的博客或instagram帖子可以与需要健全的情感联系及身体现实感检验的女孩产生更明显的共鸣"。

主流媒体已经开始对这种现象给予关注。塔菲·布罗德瑟·阿克纳(Taffy Brodesser Akner)在为《纽约时报》撰写的2017年日常饮食业报告中写道,杂志头条开始"承认女性杂志或许并不知道你的身体应该是多大尺码,或者可以是多大尺码"。诸如"健身吧""做最健康的自己""强壮起来"之类的口号取代了"瘦下去""管住嘴""本月减掉10磅"之类的节食口号。阿克纳写道,如今,许多人认为节食"是非常俗气的做法,它是反女权主义的,也很莫名其妙"。

于是"健康"产业开始兴起。它在网上的迅速崛起使社交媒体上涌现出一大批健身名人。他们发布的帖子上充斥着每日体重指数、蛋白粉菜单以及日常的锻炼过程。数以百万计的粉丝效仿他们的饮食和锻炼方案,然而,对"健康"和"干净饮食"的追求正日益成为节食和剥夺行为的掩护。今年,L. 波普尔(L. Boeple)和J. K. 汤普森(J. K. Thompson)对50个所谓的"健身激励"网站进行了分析,他们发现,这些网站传递的信息有时与"亲厌食症"(pro-ana)或"瘦身激励"网站没什么区别。这些网站都包含了语气强烈的措辞,可诱导对体重或身体的负罪感,并且都鼓吹节食、节制以及对肥胖和超重的污名化。

一如既往,对社交媒体采取公平冷静的态度是展开交谈的最佳方式。对网上的好事物持开放态度。问问你女儿喜欢社交媒体的哪些方面。她如何看待人们利用社交媒体来修饰自己的外表?人们会从谁的社交账号收获什么?她在网上看到他人身体的照片后有何感想?有时,仅仅表明某种感觉很正常就可以让年轻人感到不那么孤独。你不妨告诉她,她本人比她的长相或获得的点赞数更重要。当她凝视着镜子时，一句很老套的"我就是爱你本来的模样"可能比任何时候都要及时。

一个女孩是如何找回勇气的

当一个女孩用不同寻常的认真态度谈论一个难题或挑战时，我会试着去理解其中的潜在原因。关于她的难题我会问两个问题。首先：如果你的担心变成现实会发生什么事？说详细些。其次：那将意味着什么？当你帮助女孩们挖掘出更大的恐惧时，她们就会开始理解她们的恐惧意味着什么，然后你就能让谈话取得真正的进展。

问这些问题之所以有效，是因为女孩们常常赋予她们生活中的挑战夸张的意义。在她们看来，有一次考试没考好并不仅仅事关这次考试的分数，她们会想："如果这拉低了我的最终成绩该怎么办？如果我进不了好的大学／研究生院／工作单位该怎么办？如果我不成功该怎么办？如果我过得不好该怎么办？"关于身体羞耻感也是如此，女孩们用对自己身体的关注来表达对自我价值感、讨人喜欢程度和成功的担忧。

19岁的凯蒂刚刚结束在美国东北部的一所大型州立大学的第一年。她来自附近一个大城市的中上阶层的郊区，但是与许多同龄人不同，凯蒂自己承担一半的学费。她决心在经济上独立，所以她从16岁起就在零售店和餐馆里长时间打工。高中时代，凯蒂经常在凌晨一点钟为自己打工的餐厅锁门，她的班次正好从学校打最后一次下课铃之后开始。

凯蒂拒绝了录取她的私立大学，因为她下定决心不欠债。她告诉我："我不想依赖别人来照顾我。我希望能够自己养活自己，在经济上有保障。"

当餐厅招待让凯蒂学到了人际交往的技巧、责任感和对金钱的尊重。她很自豪。"我知道如何当一名好员工。"她看着我的眼睛告诉我。当然，在某些方面，她的生活比别人更艰难，她很清楚这一点。"但我真的很珍惜我所学到的东西和我所付出的努力，因为你在其他地方是无法得到这些的。"

大一的日程表在她高中时为上大学而制定的繁重的日程表面前简直是小巫见大巫。在这里，她可以计划修商务和心理学双学位，还有时间看电视和锻炼身体。"我一点儿也不紧张，"她高兴地说，"我很喜欢这样。"大学也给她提供了探索自身新维度的机会。她再也不会化着妆去上课了，这是她以前最痛恨的每日惯例。

但是有一件事她始终放不下，那就是对自己身体的羞耻感。谈到自己的身材时，凯蒂那闪闪发光的自信消失了。她吐露心声说："我对自己的外表一向很缺乏自信。"她每天都要仔细审视自己的手臂、腹部和双腿。她能感觉到自己手臂上的肉在颤抖，这让她非常厌恶。她的新朋友们没完没了地谈论着对"新生15磅"⊖的恐惧，关于肥胖的话题总是萦绕在她周围。

凯蒂最憎恶的是她的"游泳圈"⊜。她几乎是咆哮着说，她"决不会"穿任何会让别人注意到她的"游泳圈"的衬衫。

我决定提出我的两个问题。"那么，如果你穿了一件暴露出你的游泳圈的衬衫，"我问凯蒂，"接下来会发生什么呢？说详细些。"

"他们不会花时间关注我的。"她说。

"谁？"我问。

⊖ 指大学新生在入学后的第一年里体重会增加15磅。——译者注
⊜ 指腰部赘肉。——译者注

"男人们。他们会认为我很丑或很胖。"

"这又意味着什么？"

"从男人的角度来看，我没有吸引力，对吧？他们在派对上能找到更漂亮的关注对象。"

注意，洋葱的下一层出现了：凯蒂的爱情生活。

"我没有爱情生活。"她接着说。她无法理解大学里的社交等级制度。"那些女孩，她们真的很刻薄，但她们有男朋友！我不禁要想，我究竟做错什么了？"她对我说。

有时，当她想在房间里哭的时候，她会装出一副高兴的样子去上课。但大多数情况下，她会昂起头来玩这场游戏。她尽可能多地锻炼身体，还去参加地下室兄弟会派对，在那里她学会了读懂男人们套近乎的信号。如果有人来请她跳舞，那就意味着他可能想和她在舞池里亲热，有时甚至只是亲热，都不跟她说话。单凭你出现在这个派对上，就意味着你已经"准备好了"，打算跟男人勾搭。但是凯蒂对于勾搭的把戏没兴趣。她觉得自己"被物化了"。"这种时候，男人只是在跳舞，缠着我，甚至都不想知道我是怎样一个人。但是，我并不只是一具躯体。我是个活生生的人。"她说。

我和凯蒂认识不久后，一个很有前途的男人走进了她的生活。他们合唱过一次，玩得很开心。那个男人说他做过性病检查，周末会去参加派对。凯蒂试图解码这条信息。也许，派对结束后，他的态度会更认真，并确定他们的关系。

派对那天，凯蒂出了一场虽不严重但很可怕的车祸。突然间，她感觉内心发生了某种变化。她给一个好朋友打电话。"我不该和他勾搭。"她说。那位朋友把她的心烦意乱归咎于车祸，但凯蒂觉得不只是这个原因。

她告诉我:"当时我有一种偶尔会出现的、不好的直觉。"她选择不予理睬。那天晚上,凯蒂失去了童贞。不久,她在急诊室里哭着给他打电话。她得了生殖器疱疹。他也哭了,说他们在一起之后他拿到了检测报告,呈阳性。他们无计可施。这是一种病毒,而且没有治愈的方法。凯蒂希望他仍想跟她在一起,但他对恋爱不感兴趣。

有整整四个月,凯蒂恨自己和自己的身体。她很沮丧,接着又很生气。她感到羞愧难当。当她秋季回到学校时,她的思绪怎么也平复不下来。她在统计课上突然哭了起来。"我整个人感觉糟透了,在所有方面。"凯蒂开始找心理医生治疗焦虑和抑郁。她想知道是否还会有人愿意和她上床。

现在,差不多一年过去了,她在 Skype 上向我哭诉,从她的声音中可以听出她的羞愧。

"那么为什么,"我温柔地问,"你要违背自己的直觉,和他上床?"

"我想我其实只是想过性生活。"她说,"我就要 20 岁了,却从没和任何人上过床。为此我一直责怪自己。"

"如果你 20 岁时还是个处女,这意味着什么?说详细些。"

"这意味着我缺乏经验,无法在这方面与我的朋友们交流。"她哭了,"我从没想过自己会到 20 岁还没有认真交过男朋友什么的。我从没想过我的人生会出现这样的局面,我会落到今天这般境地。我只是想和其他人一样。我想成为一个正常人,而不是一个没有性生活的怪人。"

"如果你是拥有性生活的正常人会怎么样?"

她解释说,20 岁,性生活活跃,意味着她可以理解朋友们所谈论的那些事情。"这意味着有个男人想要你,说明你有吸引力。"

如果人们对你持积极的看法，你就会自我感觉良好。"

凯蒂的某些焦虑源于对融入社会的渴望，这种渴望始于青春发育期前后，并在整个青春期痛苦地跳动。凯蒂做出那个选择不仅仅因为她不想变成一个怪人，也因为她没有听到自己内心那个叫她停下来的声音。她觉得无法设定边界来保护自己不受伤害。她觉得自己的身体太差劲、太不称职，她太自惭形秽，以至于她愿意退而求其次，接受配不上自己的东西。

一个女孩对自己身体的看法远远超出了饮食、锻炼以及她在镜子中的映像这些范畴。身体羞耻让凯蒂产生了一种深入骨髓的失落感。她认为自己的外表有缺陷，这使她感到自己不正常，就好像她有什么缺陷需要改正。对自己身体的憎恨驱使她采取了危险的行动。

凯蒂拒绝了治疗师推荐的抗抑郁药，于是医生建议她锻炼身体。她同意试试练瑜伽。凯蒂以前跑步跑得比宠物店里的仓鼠还勤，但练瑜伽给她的感觉不一样。这种练习绝对适合她：不是为了消除让衬衫鼓起来的游泳圈，不是为了取悦她可能在派对上遇到的男人，也不是为了让自己不变成怪人。"它让我自我感觉良好，"她说，"它就像是一个内在的控制焦点。它让我有动力去做得更好，让自己变得更好。可以说，它赋予了我力量。"

凯蒂开始更多地倾听自己的身体的声音，选择睡得更久，吃得更健康。她说："我第一次把自己的身体当成头等大事。对我而言，全面照顾好自己从未像现在这么重要。"一旦凯蒂开始关照自己的身体，不再让自己的身体成为别人的评价对象，她就开始康复了。

她必须停止透过外界的眼光看自己的身体。从那个角度看，她的疱疹使她显得恶心、不可爱。当她和自身建立起联系时，她和自己的身体形成了一种更为复杂的关系，在这个关系里，疱疹只是她的一小部分。它是她的一部分，但并不能定义她。

她认识到，如果她不守护好自己，就没有人会守护她。她告诉我："我知道我必须聆听自己的心声，否则我会十分悲惨。这有点儿奇怪，不知道为什么，我能预感到事情可能有多糟。我再也不想回到秋天时的状况了。我再也不想有那种感觉了。"

与自己的身体建立起新的联系后，凯蒂发现自己越来越能凭直觉行事了。她认为，勾搭文化不适合她。"在感情上，我做不到。"她告诉我。真正的感情很少能在不设附加条件的世界存活下来。"我是有感情的。"她笑了，"我也知道，在我确定恋爱关系之前，我想在情感上达到 110% 的热度。我想做足准备。"

凯蒂放弃了对游泳圈的执念，换来了更好的直觉，这种直觉告诉她，她此刻感觉如何。我为撰写本章而采访的女孩们描述了她们与自己的身体的关系，我发现她们所面临的是同一个问题："我是在为谁做这些？"只有当她们开始为了满足自己的需求而吃东西、锻炼身体，而不是为了让自己以某种方式展现在别人面前而剥夺自己的权利、拼命锻炼时，她们才取得了自己的个人最好成就。与女孩们生活中的许多其他领域一样，当这些女孩放弃取悦他人时，她们就找到了自我，她们开始觉得自己已经够好了。

ENOUGH AS SHE IS

第 4 章

克服自我怀疑

> 每当我做成一件让我感到害怕或害怕无法做成功的事情时，我都会变得更加自信。
>
> ——杰西，19 岁

在参加我的勇气训练营的前几年，杰西害怕做以下事情：和不认识的人交谈；公开演讲；犯错误。她上的是美国西北部的一所州立大学，GPA 很高，但是她不参加俱乐部和社团活动，而是独来独往，住家走读。在课堂上，她很少发言，即使她知道答案。她告诉我："如果我大声说出来，我可能会出现口误，或者真的说错，或者以某种方式搞砸，或者以某种方式让自己难堪。"

杰西的父母几年前离婚了，这毁了她的母亲。目睹母亲的痛苦让杰西深受刺激。"我不想让我的恐惧妨碍我做我想做的事。"她回忆说。

她开始光顾咖啡馆，以解决害怕结交新朋友的问题。通常情况下,她几乎无法开口点咖啡,因为她害怕被有着一副"我比你酷"的姿态的咖啡店店员评判。她说,这一次,"我开始逼自己一个人去咖啡馆。我会结结巴巴,把钱弄掉在地上,让自己出洋相。我在逼着自己进入一种新情境。"

一次又一次,当她内心的声音焦虑地嘶吼时,杰西会予以反驳,并安抚自己:"没人在意我怎么点咖啡,即使我结巴也没关系。"当她感到不知所措时,她会提醒自己:"真的,如果我希望在生活中做成什么事情,我就必须能够与他人交谈,并克服这种恐惧。"

杰西很快就发现,她的勇气是一种能够自我补充的资源。她说:"每当我做成一件让我感到害怕或害怕无法做成功的事情时,我都会变得更加自信。"当她面临新风险时,她会提醒自己:"我以前做过这样的事情。我可以再做一次!"勇气带来的兴奋感让人上瘾,她想要获得更多。杰西害怕打针,于是她去献血。又一个恐惧被征服了。

当她来到勇气新兵训练营时,她正在犹豫要不要对一个喜欢半夜三更大声打电话的室友表示抗议。我问她,如果她冒险(这么做),最糟的后果会是什么?(这是一个很棒的问题,你可以在你的女儿犹豫不决时问她。)杰西思考了一番,然后写下一个剧本,列出她会说什么话以及提出什么要求。接着,她与一位朋友进行角色模拟交谈。最后,她去找室友谈话。第二周,这位室友在她们的宿舍门上贴了一张静音作息时间表,还是用漂亮的手写体书写的。

杰西学到了什么,使她可以离开自己的舒适区?她是如何鼓起勇气去冒险的?什么东西可以激励女孩面对自己的恐惧并迈出第一步?在本章中,我会分享我所了解到的关于培养女孩的自信心的知识。

尽管女孩们已经取得了很大进步,但是难以消除的自信差距依然存在。加利福尼亚大学洛杉矶分校的琳达·萨克斯(Linda Sax)在对"全美大学健康评估"进行的20年回顾中发现,在几乎所有与自信相关的指标上,大学新生中的男性的百分比都始终高于女性同龄人,这一差距通常达到两位数。男性表示,他们在学业能力、竞争力、情感健康、领导力、数学、身体健康、受欢迎程度、公开演讲、冒险、智力自信、社会自信和自我理解方面更强大。

关于"我和我的朋友相比有多聪明?一样聪明?更聪明还是没那么聪明能干"这个问题,黑人女性给自己的评价低于黑人男性,哪怕她们在学业上优于黑人男性。但是有一个明显的例外:全女子学校的毕业生报告称,她们感觉自己比从男女同校的私立高中毕业的女同龄人更聪明、更自信,更能投入到校园生活中去。

然而,很少有学校明确地教学生提高自信的技能。好消息是,这方面有很多大有裨益的事情可做,让我们从你如何谈论它开始。当你开始和女儿一起解决这个问题时,有三个要点需要记住。

1. 减少关于女孩力量的谈话。

自20世纪70年代以来,我们一直相信,告诉女孩们她们可以做到任何事情,会让她们极度自信。事实上,诸如此类的信息反而会破坏自信。当我们告诉女孩们她们拥有无限的潜能后,她们即使无力取得成功,也不敢承认自己做不到,而这最终会导致她们对冒险和勇敢进取充满恐惧。自信更应该体现在我们如何应对恐惧上,而非体现在多么善于隐藏恐惧上。

当女孩们勇敢面对并经历过未知事物后,她们会发展出自信——注意，我并没有说"成功"。尝试和结果一样重要。换言之，当一个女孩尝试取得成功时，她会质疑自己是否有能力成为某种人，或去做某件能使她建立起真正的自信的事。当女孩们经历挑战并学会从中获取经验教训时，她们就会明白，结果并不能定义她们本人或她们的自我价值，她们会知道自己比想象中要坚强，这反过来又给她们注入了继续尝试的动力。

这就是为什么脆弱（而非不可战胜）才是信心的关键。正如一位刚毕业的大学生对我说的，学会冒险、面对未知"有点像把自己完全投入到一段感情中，冒着受伤的风险，冒着失去自己已经建立或为之奋斗的东西的风险，同时真的全心投入。"她说，如果你不离开自己的舒适区，让自己变得脆弱，"你就不会拥有完整的经历……不能充分体会成功申请到任何工作、学校或项目的喜悦，也无法充分感受到你可能获得的那些东西所带来的希望"。她发现，没有冒险和恐惧，就不会有真正的回报。

2. 缩小自信差距不是你女儿的任务。

自信差距不是她的错误，而是她承受的一种重负，因为她是在一个仍然未给予女性完全与男性平等权利的社会中成长的。告诉女孩只要努力就可以变得更勇敢，是无视上述现实的做法。

让她知道你明白"修复"她的自信心不足并不仅仅是她的责任。对此她可能有不同的看法。肖娜·波梅兰兹（Shauna Pomerantz）和瑞贝卡·瑞比（Rebecca Raby）两位教授在《聪明的女孩们》（*Smart Girls*）一书中写道，在一个所谓的后女权主义世界里，女孩们被告知她们"可以做任何事，成为任何人，拥有任何她想要的东西，而不必担心学校内外的性别歧视或其他不平等现象会阻碍她们的步伐"。在这个世界上，性别不平等已被视为过去的事物，成功完全由女孩们掌控。性别歧视"被认为是个人的，而非社会的缺陷"。

但是性别歧视依然存在，而且很活跃。事实上，女孩们之所以会质疑自己的能力，是因为她们经常受到老师的差别对待，老师更可能批评她们的能力（这会导致智力自信下降）。女孩们之所以缺乏自信，是因为她们被隔离在某些研究和工作领域之外，她们看到女性在最高权力层只占少数。女孩们之所以怀疑自己的价值，是因为她们被穿着暴露的模特和名人形象所淹没，这些模特和名人宣扬骨瘦如柴式的性感是交友、获得魅力和打造成功人生的途径。此外，她们担心失败的部分原因是，根据根深蒂固的"好女孩"女性气质规则，人们仍然期望她们不让自己的错误拖累别人。告诉你的女儿，你明白这一切。

3. 自信是可以学习和练习的。

大多数学生都很清楚，在解数学方程式或演奏奏鸣曲方面，勤加练习可以提高成绩。运动员们知道，如果他们不经常训练，就会在比赛中惨败。然而，这些学生中的许多人对自信心的看法是非黑即白的，他们认为你要么勇敢，要么胆小，要么是冒险者，要么是懦夫。但是，一次经历是否能成功，练习和重复的重要性不亚于天赋。在生活中，一个女孩做一件事情做得越多，她就做得越好——在建立自信心方面，这一点尤为正确。

技能就像肌肉，必须反复屈伸才能保持强壮和敏捷，而冒险就像这样一块肌肉。我的学生们深受蒋甲的 TED[⊖] 演讲鼓舞。蒋

⊖ TED 是 Technology、Entertainment 和 Design 的缩写，即技术、娱乐、设计。TED 是一家美国非营利组织，以宣扬创意的 TED 大会著称。——译者注

甲是一个中国移民,他决定通过连续一百天故意被拒绝来克服对被拒绝的恐惧。他的"拒绝疗法"包括:出现在陌生人家,并要求在其后院踢足球;要求空中乘务员在飞机上发布安全公告;要求警察让他坐在巡逻车里。学生们喜欢蒋甲的经历,因为这很有趣,也因为他展示了如何随着时间的推移学会在面对"不"这个词时保持自信。

为你的女儿播放蒋甲的视频。他的经历是绝佳的教学工具,因为一切都是循序渐进的,没有一蹴而就的奇迹,对女孩而言这是一个关键信息。你也可以这样向她解释:就像大多数神智健全的人不会第一次去健身房就用50磅重的杠铃练习深蹲一样,因为他们会受伤,会不知所措,会泄气,或者三者兼具,一上来就尝试做需要巨大勇气的事同样是愚蠢的。培养自信心也是如此:这需要一步一步,循序渐进,一次面对一个"不"。

诚然,培养自信心并不完全是你女儿的责任,但她必须像追求其他目标那样致力于培养自信心。接下来,我将向你介绍四个会侵蚀你女儿的自信心的问题,并教你如何在她陷入自我怀疑时帮助她。

如果我不聪明该怎么办?
打破固定心态

最能用来预测女孩自信的指标之一,是她对自己的智力的看法。斯坦福大学教授卡罗尔·德韦克在她广为传阅的《终身成长》(*Mindset*)一书中指出,人们会采取两种心态中的一种。拥有"固定心态"的人认为,他们的基本智力无法提高。他们会把一项艰难的挑战看成他们没有能力取得成功的征兆。他们可能会选择一条更安全的道路，逃避未来的风险，或是干脆放弃。

　　许多年来，22岁的摩根一直眼睁睁地看着她想申请的工作、学校和实习的申请期到期而什么都不做。"我觉得，如果我申请失败，就可能意味着我不够优秀，不能走这条职业道路，更全面地说，作为一个人我已经失败了。"即使摩根真的申请了她喜欢的东西，她也只会付出部分努力。"这样即使我失败了，我也不会那么受伤。"对于摩根这样一个拥有固定心态的女孩来说，每一次挑战都像对自身潜力的决定性审判。

　　相比之下，拥有"成长心态"的人则认为他们的能力可以通过努力、策略和指导来提高。他们被挑战所吸引，即使遇到挫折也会坚持下去，甚至愈挫愈勇。17岁的艾莉森在学数学遇到困难时拒绝放弃。她对我说："遇到弄不明白的地方，我会跳过去，并对自己说，'我想我到后面会明白的'。我不按顺序做试卷，我会把困难的题目留到后面。这样我就已经感觉很好了。"她为奋斗后的成功而兴奋。"当我弄明白的时候，那种感觉是最好的。我感到我的大脑在工作。我会想象，所有这些知识融会贯通，碰出灵感的火花，这真是太棒了！"艾莉森不理解自己的母亲，因为她的母亲在面对挑战时很快就会放弃。"她就是有那种心态，"艾莉森告诉我，"（她会说）'我弄不明白，我很笨'。"

　　德韦克长期以来一直认为，女孩和成年女性或许更可能有固定心态。在一项研究中，五年级学生被分配了一项故意在一开始就把他们弄糊涂的任务。女孩，特别是那些高智商的女孩，表现得最为痛苦，她们无法学会这些材料。

　　在2017年一项轰动一时的研究中，更多证据浮出水面。研究人员宣布，到6岁时，女孩比男孩更有可能说，她们对某项活动不感兴趣，因为她们不够聪明。当被告知某游戏是为"真正聪明"的孩子设计时，5岁的女孩纷纷加入，6岁的女孩则表示拒绝，这表明这种想法是女孩后天习得的，而非天生具有的。女孩也比男孩更不可能认为自己的性别是"很棒的"。

  心理学家的结论是，文化刻板印象"贡献"了一部分原因，父母也难辞其咎。2014年，在谷歌上搜索"我儿子是天才吗"的父母比搜索"我女儿是天才吗"的父母多了一倍还不止，尽管女孩们在学校的表现往往更好。

  这些观念造成的后果可能会持续一生。2015年，同一组研究人员发现，在科学和工程等被认为需要"卓越的才华"的领域，女性凤毛麟角。事实上，德韦克发现，女性成年后更可能避免从事那些需要成长心态的学科，如经济学、数学和计算机科学。

  大学里的情况是这样的：哈佛大学的经济学家克劳迪亚·戈尔丁（Claudia Goldin）注意到，很多女性本科生选择不在哈佛大学主修经济学，她想知道原因。她发现女生通常在入门课程没有得到A时就放弃了。与此同时，男生即使学得很辛苦也会坚持下去。他们着眼于长远效益，他们告诉戈尔丁他们希望今后能在金融界找到一份工作。对于他们来说，赚钱的欲望比对失败的恐惧更强烈。

  戈尔丁告诉我："就算你用棒球棒敲打男生的脑袋，他们仍然会主修经济学。而女生呢，如果她们拿不到A-，她们主修这门课的可能性就会小得多。"戈尔丁是第一位以经济学家的身份在哈佛大学、普林斯顿大学、加州理工学院和宾夕法尼亚大学获得终身职位的女性，也是有史以来第三位担任美国经济协会主席的女性。在教了40年大学本科女生后，她得出了这样的结论："女性倾向于前往一个舒适区。她们希望所从事的工作能给她们带来舒适感，给她们一种被鼓励的感觉，就好像会有人拍着她们的肩膀说，你干得真好！"

从某种意义上说，我们的心态可以追溯到我们从父母和老师那里得到的表扬的类型。告诉一个女孩她很聪明，或者说她"擅长踢足球"，或者说她"在诗歌方面表现出色"，都会给她灌输一种固定思维方式。这些就是所谓的"人物表扬"，在女孩经历青春期时，人物表扬会损害她们的动力。其运作原理如下：如果你经常称赞你的女儿具有某种不寻常的特质，那么每当她面临挑战时，她就会有动力去证明这一特质。如果她失败了，她不仅会把这次挫折理解为犯了一个错误，而且会认为它标志着她不聪明，不擅长踢足球，以及诗写得很糟糕。换句话说，失败证实了她不具备这种特质。

你要清楚，问题并不在于女孩们的能力本身，而在于女孩们对自己的能力的看法。好消息是，父母可以通过改变和女儿谈论其成就和挫折的方式来改变这种状况。

当你的女儿做了一件值得称赞的事情时，要把焦点集中在她的努力上，说"你为这个付出了很大努力"，或者说"我对你的坚持不懈印象深刻，哪怕是你遇到了很大的困难"。试着询问她为实现目标所采取的策略，以及她中途是否被迫改变过方向。这被称为"过程表扬"。当你需要对女儿的成功做出反应时，使用过程表扬能提醒她，她可以通过实践来提高自己，没有什么是"固定的"。改变是可能的，永远都是可能的。

如果要用过程表扬来回应挫折，你可以说"好吧，你还没想明白，但我知道你会想明白的""看看你已经取得了多大进展"或者"让我们来谈谈在这个过程中哪些策略对你有效，哪些无效"。这会提醒女孩们一段经历本身的价值（和必要性），因为她们可以在经历中学到东西。过程表扬让女孩们懂得，挫折是学习过程中有意义的一部分，它也让女孩们知道，爸爸妈妈并不需要她们在第一次尝试时就大获全胜。研究表明，此类对话在女孩遇到挫折后能够非常成功地激励她们。

最关键的或许是，在女儿面前你是如何应对失败的。2016年，斯坦福大学的一名研究生发现，那些认为失败会使人身心衰弱的父母以及那些孩子一失败就要担忧其能力或表现的父母，更可能让孩子形成固定心态。凯拉·海莫维茨（Kyla Haimovitz）在与卡罗尔·德韦克共同发表的一篇开创性论文中指出，父母面对失败时的信念和行为最容易被孩子注意到，因此它们在塑造孩子的心态方面发挥了强大作用。

这并不是说你无权批评她的表现，但一定要先问问你自己，这么做究竟是为了安抚你本人的焦虑还是为了激励她？描述挫折之旅的一个方法是和你女儿一起写一份"失败简历"。失败简历是对失败的模拟简历，而不是对胜利的模拟简历。我的学生很喜欢做这个。

每经历一次挫折就会学到一个教训，比如

挫折：我的心理学期中考试不及格，我不知道该怎么办。

教训：我可以向导师和同学们征求下一步该怎么做的建议，并借机发泄一下苦闷。

挫折：我第一个学期结束后辍学了，某些大学不适合我。一年后，我申请重新入学并获得了批准。

教训：有时候你需要离开某个环境一段时间，才能弄清楚你想要什么。不管你的步伐是快是慢，你都会到达你需要去的地方。

在史密斯学院，我们让教职员工写失败简历，向学生们展示他们所敬佩的成年人也曾把事情搞砸过。就连学院院长也参与进来了。你会写出什么样的失败简历？考虑和你女儿一同写一份。

对于有色人种女孩、低收入家庭女孩和家中的第一代大学生来说，在试图融入社会时害怕"做错事"的感觉可能会尤其强烈。李是一名非裔美国人，出生时被认为是女性，后来被确定为非二元性别（不完全是男性或女性）。李来自东北部一个郊区的高成就家庭，是他所在的私立中学里极少数黑人女孩之一。和许多在白人占绝大多数的环境中的黑人女孩一样，李很难与学校里的同龄人和教育工作者建立情感联系。"人们把我看作一个问题儿童，"他们告诉我，"我喜怒无常，我感情太强烈。"非裔美国女孩经常被教育工作者和同龄人认为太喧哗或太变化无常。她们被停学的可能性是白人女孩的六倍。夏洛特·雅各布斯（Charlotte Jacobs）博士写道，在白人占绝大多数的环境中，她们常常变得"超级醒目或让人视而不见"。

寻找归属感的挑战伴随着李进入了一所更为多样化的精英公立高中，在那里他很难与黑人同龄人建立起情感联系。李告诉我："我猜，这是因为我上过那所全白人中学，我觉得这意味着我跟其他黑人不是同一类人。"李还说："我知道和白人待在一起的黑人是什么感觉。"

在家里，李感觉到成为"杰出的黑人女孩"和为自己的种族争光的压力。"我对自己没有信心。"李说，"感觉就像，一切要让步于黑人的利益。"与此同时，在学校里，李利用自己的黑人身份在白人同龄人那里获得社交资本。李告诉我："我在社交方面绝对是个时髦而自信的黑人朋友。"然而，无论是和让李觉得最舒适的白人孩子在一起，还是和与李最相像的黑人学生在一起，李都显得格格不入。李确信，黑人学生对于他拥有较浅的肤色以及说话有"白人腔调"感到不满。李说:"我显然是个黑人,但我不是黑人社区的一员。"而李的不断演化的性别认同感,使他在学校里获得安全感这件事变得更加复杂。

李在父母及其种族要求自己做正确事情的压力和在同龄人中取得社会地位的欲望之间摇摆不定。李的动力在很大程度上来自外部,他的行为主要是由外在的奖励而非内在的欲望所驱动。要表现卓越的压力,以及取悦他人的需要,使李形成了一种固定心态,在这种心态下,李总是逃避风险,做出能确保成功的选择。

李讨厌失败,把所有挑战都理解为以能力为基础的。李告诉我:"对我来说,失败总是意味着我个人的失败,就好像我必定是在人类的基本层面上做得很糟糕(才会失败)。"当初二的李在数学上遇到困难时,他想:"其他孩子的数学比我好,是因为他们是比我更棒的人。"李想,或许,如果我"在核心层面没有缺陷,我的数学会学得更好"。

对失败的恐惧使李远离可能让他出错的情况。"我只把时间花在我擅长的事情上。"李告诉我。

"以前我很热爱科学。我爸爸会送给我科学书作为生日礼物。后来我选修了环境科学,但学得不是特别好,所以就没继续下去。我在很多事情上都是这样。有一阵子我非常喜欢田径,因为我赢得了很多奖牌。当我不再能赢得奖牌时,我就想,其实我并不喜欢跑步,这不对我的口味。我喜欢打篮球,参加过篮球夏令营,得到过'最有价值球员'(MVP)称号。我想,就是它了,我是个明星,我要参加美国女子篮球联盟(WNBA)。后来我上了高中,没能进入校篮球二队。我在运球的时候会走步,我跳投也做得不好,于是我(退出了)。"

表扬让李获得了太多满足感,以至于他放弃了自己真心热爱的活动，转而追求表扬，让他人的反馈彻底影响到自己的每一个选择。

"很早就有人告诉我，我是个好歌手。很早就有人告诉我，我是个好写手。一路上有人说我做得好，我就会继续走下去。我做事情时没有太多的内在动机。我做事情的动力就是别人因为我擅长某种东西而认可我。我会想，只要我能把这件事做得特别好，我就可以继续下去。"

这种做法一直很奏效，直到李上了大学。在大学里，李被繁重的学业压得喘不过气来。她会在电话里向母亲哭诉，距离最后交稿期限只剩四个小时了，李还在赶一篇十页纸的论文。李在社交上仍然困难重重，结交了一群自己不太喜欢的朋友。第一学期进行到一半，李崩溃了，不再去上课，也很少离开宿舍。

李的转变源于两个认识的到来。第一个认识是，你不能依靠表扬来推动你前进，大学里的表扬比原先要少得多。很显然，李需要为自己找到每天起床的理由。"当你一个人的时候，没有人告诉你你很棒。"李转向社交媒体平台Tumblr，在上面写下肯定自己的话。似乎并没有人注意到这些。这时李才意识到："哦，我可以让自己自我感觉更好。我必须这么做，因为没有人会为我这么做。"

第二个认识是，要探索自己在生活中真正想要的东西：李想要，也需要，完成大学学业。但是，李告诉我："我不知道该如何做人。"李在社交上仍然困难重重，畏惧风险。第二学期，李去上更多的课，按时就餐，并试着去向教授们请教问题。李还加入了一个无伴奏合唱团。李努力结交新朋友。

大一结束后的那个暑假，李特意花时间独处。李经常出去散步，寻找乐趣，"也就是自己一个人转悠"。李告诉我："我意识到，我太在乎别人怎么想了，我完全不知道该如何欣赏自己，不知道该如何告诉自己我太棒了。我意识到我没有这个技能，我必须尽快获得它。"李把这个暑假用来跟自己"约会"，弄清楚自己是谁。

李的变化很显著。冒险不再可怕，他说，因为"我意识到，就算我不是特别擅长做什么事，人们也不会刻意回避我。这没什么"。李也明白了，大多数人并不在乎他做了什么以及是怎么做的。李正在学德语，而且学得"很糟糕"，他自豪地说。

李在交友方面的变化也很明显。"我不会说'我希望这个人对于我的所有方面都只有好话可以说'，而是会说'我希望这个人喜欢我，但无论如何，我自己是很喜欢我自己的'。"

慢慢地，李的心态在改变。这种变化一部分与环境有关：他无法在一个白人占绝大多数的、男女平等的环境中茁壮成长。但是李也认识到，唯一强大到足以让李不再需要为取悦他人而努力表现的武器就是……李。他明白，当你发现对你而言真正重要的东西时，你会愿意为之赴汤蹈火。你可以在逆境中（比如交了一群错误的朋友，或是在大学里被学业压得喘不过气来）坚持到底。你会继续前进，只是为了你自己，而不是别人。

如果我做不到呢？
学会设定现实的目标

拥有固定心态的女孩会用一种奇怪的逻辑来应对挑战：她们越害怕失败，就对自己期望越高。但是，过于宏大的目标很少带来成功，事实上，它们往往会阻碍成功。完美主义会使人在面对挑战时产生不切实际的期望。

你的女儿追求目标的方式和她追求的是什么目标同等重要，

甚至后者可能更为重要。好消息是，她可以通过改变对成就的看法学会应对自我怀疑。

你得让你的女儿明白，现实生活中的成功是通过微小的增量逐步实现的，而不是在一个史诗般的荣耀时刻从天而降。在我的研讨班里，我建议大家"每天做一件让你感到有点紧张的事情"。例如，杰西锻炼的是"微小勇气"，在当地寻找小机会来尝试一项很棒的新技能。她去了一家咖啡馆，然后去另一家，接着又去了一家。李决定开始向教授们请教问题，并承诺不跳过任何一顿饭。就像这样，每天锻炼一次，每次走一小步。

为了将这个方法付诸实践，我使用了一个三阶段系统来规划目标：舒适区阶段、低风险区阶段和高风险区阶段。哈迪亚是一名大二学生，她的目标是在课堂上勇敢发言。她的舒适区，即目前对她而言非常轻松的做法，就是在课堂上保持安静。她告诉我，有时她会主动要求朗读。我问她，她的低风险区是什么？她可以朝着勇敢发言的目标迈出怎样的一小步？低风险区会让你紧张，但不会让你恐惧。换言之，它只有某种程度的可控风险。

哈迪亚决定每堂课都要发三次言，而在此之前，她是一个在课堂上几乎从不发言的女孩！不，我说，再试一次，目标再定小一点。哈迪亚向我翻了个白眼，但还是考虑了一下我的建议。她说她可以给教授发电子邮件，解释她对发言的焦虑，并要求与教授见面讨论一下。那么她的高风险区是什么？——这是她朝着目标迈出的一步，但目前这么做会让她感觉太可怕。对哈迪亚来说，高风险区意味着把她的座位从教室的后排挪到前排，坐在前排将难逃发言的命运，教授也更有可能点她的名。

这项练习有两个好处。第一，当女孩们完成低风险挑战并感到自己变得更勇敢时，高风险看起来就没那么可怕了。久而久之,练习就会变成习惯。凯蒂·凯(Katty Kay)和克莱尔·希普曼(Claire Shipman)在《自信宝典》(The Confidence Code)一书中写道:"通过熟练掌握而获得的自信是有感染力的。它会蔓延开来。你具体掌握了什么其实并不重要,对于一个孩子来说,可能就是系鞋带这种简单的事情。重要的是,掌握一样东西能让你有信心去尝试其他事物。"所以,当女孩们意识到自己想改变朋友圈或是去试演一出戏时,她们不会想到自己必须去征服某个单一的、可怕的时刻,而是会想到一个通向目标的阶梯,她们可以一步一步攀登上去。

这个方法对17岁的乔安娜而言尤其管用。在勇气训练营,她的目标是成为一个身体更灵活的舞蹈演员。她告诉我,在上我们的研讨班之前,她根本不会想到自己能够做到每周五天、每天拉伸一个小时。或许这就是为什么在最初的几节课上,她会坐在教室里用怀疑的目光盯着我看。

随着时间的推移,她开始认识到,是过高的目标让她产生了挫败感,导致她完全停止了拉伸练习。她决定在做家庭作业或是在学校的任意休息时段里做拉伸练习。是的,这不是理想的练习方式。"这是一种妥协。"她说,而且一开始她感觉怪怪的。

新计划实施几天后,乔安娜意识到她喜欢这种生活,因为她摆脱了因为"我永远无法实现的期望"给她带来的负担。她看到,设定每天拉伸一小时的目标,却没有完成,会让她感觉很糟糕。"当你用较小的步伐去做事情时,你会对自己感觉更好,因为你知道你正在完成一件事情……(比如)当你把任务单上的项目勾掉时,你会有一种幸福感。"但是,她说,"当你采用那些高标准时,我认为你不会很关注学习和生活过程中的快乐。如果你只求尽力而为,获得最好结果,就能感受到那种快乐。"

凯和希普曼写道："自信与行动有关。"女孩的自信所面临的最大威胁或许不是失败，而是不作为——不做事情，不尝试，不练习。女孩们往往会这样做：低着头，双手放在膝盖上，而不是高举起手臂，表示拒绝，勇往直前。

一次又一次，当我和女孩们一起制定目标时，我会给那些梦想远大、成绩优异的学生一条建议："降低你们的标准。"她们每次都会哈哈大笑。但我是认真的，她们很快就会明白这么做是多么有效果。我会使用一个小花招：在她们选好要去冒的小风险后，我会问她们对此怎么看。如果她们翻着白眼咕哝说风险小得可怜，或是说这"有点儿傻"，那就太好啦！这说明她们已经找到了一个合适的目标，可以开始行动了。

如果我本不该属于这里呢？
冒名顶替综合征

获得一个新机遇（进入高中、大学或获得第一份工作）的头几个月往往是一次令人振奋的、期待已久的机会，可以享受来之不易的成就的机会。但几个月过后，一种新的焦虑感可能会滋生：你正在变成汪洋大海中的一条小鱼。

27 岁的阿努在美国门槛最高的大学之一攻读生物医学博士学位，现在是第一年。她是斯里兰卡人，大学是在美国读的，在波士顿一个著名干细胞生物学家的实验室里表现出色。这一天，我们在她所在时区的早上 5 点半进行视频聊天，这是她唯一有空和我说话的时候。

一开始，阿努觉得研究生生活令人激动。她经常在课堂上和实验室里发言。接着，几个月之后，她变得焦虑万分。她说："在波士顿，我和非常聪明的人在一起工作，他们告诉我，我是实验室不可或缺的一部分。"参与项目几个月后，她回忆起那些话："我就觉得这完全是一派胡言。"

阿努沉浸在冒名顶替综合征中，即认为自己不该待在自己所在的地方，认为自己是一个很快就会露馅并被驱逐出境的骗子，或是认为自己获得目前的职位是一个错误。冒名顶替综合征在青少年时期就已根深蒂固。在向大学和其他高成就环境过渡的过程中，尤其是对于那些在自己的领域中突破障碍的人群来说，这种情况非常普遍。一些研究人员认为女性更容易受其影响，在哈佛商学院，在被问及"你们中有多少人认为自己是招生委员会犯下的一个错误"时，有大约 2/3 的新生举起了手。

冒名顶替综合征在 STEM（科学、技术、工程和数学）领域中普遍存在，这里有两个原因。首先，女性和有色人种（阿努两者皆是）在这些领域中只占少数。在一个很少有人长得像你或与你有共同经历的世界里，归属感会减弱。其次，正如阿努告诉我的，大多数时候，科学实验都会失败。"你真的很难对此无动于衷。"她解释道。

阿努觉得自己正在退缩。当她质疑自己是否适合从事科学研究时，她的动力减弱了。现在，当被要求提出未来项目时，她对于是否要进行几乎肯定会失败的高风险实验犹豫不决。

在为资格考试做准备时，阿努坐在电脑前，想不通自己究竟为什么读研究生。既然她如此缺乏信心，那么把接下来的四年时间用于尝试（几乎注定失败的实验）值得吗？

她给全班大约 35 个人发了一封真诚的电子邮件，她在电子邮件中坦露了自己的脆弱，询问是否有人想聚在一起谈谈项目给自己带来的压力。有近一半人响应了。当他们喝着咖啡相互倾诉恐惧时，阿努的同事们惊讶地发现，在他们看来勇猛而自信的阿努居然会没有信心。"我从来没有想到过你会有这种问题，是谁也不可能是你啊！"一个男同学对她说。阿努惊呆了。后来，这一次聚会演变成了今天仍存在的互助小组。

冒名顶替综合征是建立在一种（错误的）信念之上的，即你是唯一一个缺乏归属感的人。这就是为什么与别人分享你的故事，寻找同病相怜者会是一针强心剂。努力向别人隐瞒自己的重要部分（你的内在自我与你展现给别人看的自我不一致），只会加剧欺诈感。"以假乱真直到成功"或许也能起到很好的作用，但这种策略只对我们中的一部分人有效。

对于家庭中第一代大学生而言，诚实面对冒名顶替综合征尤其具有治愈力，因为他们经常被自己根本不属于大学的恐惧所困扰。"这是一件你害怕暴露的事情。"尼科尔说，她是一名西班牙裔大三学生，"即你不应该待在这里。"

对于一些人来说，冒名顶替综合征可能会成为一种自我实现预言：如果你认为自己不属于某个地方，你就可能会不去利用那些或许会改变你观点的资源。尼科尔在大一时不肯寻求帮助，有时是因为不知道该去哪里求助，有时是因为不知道问题的答案而感到尴尬。她回忆说，她从不去办公室找教授，因为"我觉得自己的水平不如别人"。因为在大学里找不到归属感，所以她很难找到内在的精神支柱让她坚信自己有资格待在那里。

正在读大二的家中第一代大学生西尔维娅决定不再把精力投入到她所在的大学中最有特权的学生群体中去。相反，她开始公开赞美自己的墨西哥传统，并开始感到自己更强大了。她告诉我，她学会了"接受自己是谁，来自何方，这样就没人能告诉你你是谁，也没人能告诉你你没能力做什么事。你找到了人生目的"。

过去，当乔丹听到朋友们谈论她所不熟悉的大学传统时，她会出于恐惧而保持沉默。今天，她已经是一名大四学生，她会告诉朋友和熟人作为家中第一代大学生的感受，这样他们就可以了解她并支持她。她说："如果你能讲述你的经历，就代表你可以接受和承认它。讲述可以增进人们对你的理解。"当然，这并不是乔丹的责任，而是她那些享有更多特权的同龄人和教育工作者的工作，他们理应了解和尊重他人的经历。乔丹通过让别人了解家庭中第一代大学生的生活，把孤独的负担变成了一种宝贵的财富。

女孩也可以更直接地面对自己的恐惧。在我的冒名顶替综合征研讨班上，我要求学生们在索引卡上完成这句话："我有时担心自己不像别人想象的那样＿＿＿＿＿"（绝大多数情况下，女孩们都会填上"聪明"这个词）。然后我让学生们思考以下问题。

你有什么证据证明这不是真的？ 我正在上两门大学预修课；我的成绩很好；我在诗歌比赛上得过奖。

你什么时候最可能有这种感觉？ 当我感到疲倦或花很多时间独处时。

你能和谁谈你的感受？ 我妈妈；我的心理医生；我的朋友凯茜。

这个练习要求女孩们思考三种应对冒名顶替综合征的强大武器。首先，它要求她们寻找能够推翻冒名顶替想法的证据。其次，它让她们深入到自己的感受深处，挖掘这种想法的根本原因，因为这往往是由更深层次的环境或情感触发了我们觉得自己像个骗子这一想法。最后，它要求女孩们通过说出支持来源来抵抗孤立带来的破坏性倾向。

你不必让你的女儿写任何东西,这可以用对话形式进行。不过,首先要表达同情,这绝对是至关重要的。要避免用这样的话来淡化或否认她的感受:"这么想很傻,你知道这不是真的!"她需要确定你在认真对待她的冒名顶替综合征。然后,试试上面的办法。

阿努通过重新定义成功看上去应该是怎样的,来应对自己的冒名顶替综合征。她努力去肯定自己实验中的小胜利,即使最终结果不是她所期望的。她告诉我:"我已经学会,如果某些方面成功了,我会为此而感到高兴。"她提醒自己,比起操心周围的人怎么想,她更应该关心自己的工作。她拒绝"想象中的观众"。青春期的女孩都相信,她训练自己的强度有多高,别人对她的观察就有多密切。她解释说:"不要把自己想得太重要,这一点非常重要,要意识到没有人会对你所走的每一步进行评判。"

此外,她避免拿自己和别人做比较。阿努提醒自己,总会有一些同龄人在某些方面比你更强——有的人知识比你更渊博,有的人比你更善于发言,更具有批判性思维。但是,她告诉我,"就算你没有该领域中的其他人棒,这也不是你个人的失败"。她不再期望在每个领域都是最好的,而是力图专注于自己和自己的努力。

值得注意的是,当阿努为自己的成功而肯定自己时,她发现自己不再那么容易因别人而分心。"最大的自我保护机制,"她总结道,"就是把这看成一个不断改进的过程。"这种平衡对她的心理健康至关重要。

事实上,那些能够很好应对冒名顶替综合征(我不确定它是否会痊愈)的人可以掌控自己的雄心壮志中复杂的中间层面:她们承认自己的极限,但不会质疑自己的价值,她们对自己取得的成功很满足。

有很多方法可以帮助你的女儿达到这种平衡。当她需要承认自己的某种缺陷时，她可以在面对挫折时练习自我关怀的三个步骤（见第6章）。自我关怀可以帮助她以健康、专注的方式承担责任，而不会侵蚀她的自我价值感。要想肯定自己的成功，她可以练习感恩，即每天去感激自己所拥有的东西。当她得到称赞时，鼓励她说"谢谢"，而不是自我贬低，把功劳归于别人。

我们都需要有自己的资产储备，去抵消不自信对我们造成的不可避免的困扰。那些到处用自嘲的语气对自己说"我考试不及格""我太蠢了""我永远不可能入选"的女孩，以及很快就放弃积极事物的女孩，更容易患上冒名顶替综合征。让你的女儿知道，肯定自己的成就并不是自高自大，也不是自满，而是在为自己的不足时刻储备防御物资。

最后，能意识到她并不是唯一一个这么想的人也会带来积极影响。自我审视一下：你是否会接受赞美并为自己的成就感到骄傲？当你和女儿交谈时，承认你可能给她做出过不良榜样并不可耻；事实上，承认在她与成年人接触的过程中她经常遭遇的双重标准确实存在，只会提高你在她心目中的可信度。有些事情或许会让你的女儿有点儿抓狂，但是看到每个人都怀疑过自己，即使是最有成就的人和她最崇拜的同龄人，是的，甚至包括她的父母，可以让这些事情正常化。

如果这都是我的错呢？
对错误做出平衡归因

不久前，我因为电子邮件冒犯了一位新朋友。她告诉我她感到被冒犯了，于是我立即道歉。几天后，我试图通过邀请她来我家做客（仍然是通过电子邮件）来缓和局面。她回复了，但是并没有给出明确的回答。几天后，我发邮件给她说，我很担心她可能还在生气，我们可以打电话聊聊吗？她没有回复我。

我彻底懵了。我做了什么？她为什么这么生气？我打电话给一个朋友，好吧，是两个，我还去找了心理治疗师，我反复说这件事。我会半夜醒来，寻思琢磨。我是不是应该给她打电话而不是发邮件？我没有她的电话号码，但我本可以跟她要的。是我太粗鲁和麻木不仁吗？

我们对自己讲述的关于我们自己的挫折故事对我们的自信心有很大影响。心理学家称之为"归因"。如果我把朋友的隔空沉默归咎于自己，我就是在内归因：原因在于我。然后我会陷入自我批评，甚至羞愧之中。如果我还考虑到外部情况，有那么一刻想到，会不会她这周很忙？或是工作或家庭压力过大？我就是在外归因：原因可能不在于我。之后我可能会感到内疚，也许我做出了一个糟糕的选择，但是我不会因为要承担所有责任而深受打击。

性别在归因类型中起关键作用。你可以用这样一个故事来向你女儿解释：比如，有一个男人和一个女人去面试一份工作，但是他们都没有得到这份工作。研究表明，这名男子更有可能认为现在是求职艰难期，或者认为招聘者未能足够仔细地审查自己的申请表。他做了一个外归因。这名女子呢？她认为这是因为她资格或能力不够，或是因为她穿错了衣服，或是因为她说了些愚蠢的话。她做了一个内归因。

谁更有可能回到面试地点去再试一次？男人。谁更有可能坐在家里仔细分析面试中的每一个时刻：自己穿了什么衣服？是不是穿对了？自己说了什么或是没说什么？自己是如何握手的？女人。

我给那位朋友发出邮件两周后，收到了她的回复。她说她"忙得不可开交"。也就是说，我让自己经历了很多不必要的不安和焦躁。

问问你女儿以前有没有这样做过。如果你自己也这么做过，就告诉她。如果发生了什么事情，你发现自己不知道原因在哪里，就大声和你女儿分享这件事，然后一起找原因。我让我的学生以她们的"错误故事"为例，用新的方式加以解读。

女孩们说了各种各样的事情，从"我的朋友说她这个周末没有计划，但从她的 Snapchat 上可以清楚地看出她这个周末出去玩了"（内归因：我太无聊了，她不想和我在一起；外归因：她在最后一分钟遇到了什么事，所以没有告诉我），到"我的老板没有给我额外的无薪假期"（内归因：作为员工我还不够好；外归因：我的老板压力很大，可能需要所有员工齐心协力）。如果可能，我会鼓励女孩们去探究某件事情为什么会发生，而不是默认自己已经知道原因。

我们如何理解自己的错误，乃至于如何理解人们对待我们的方式，就像站在岔路口决定走哪条路。关键在于，我们必须做出决定。我们的选择直接影响到我们的自信心：当我们选择让自己承担所有责任时，我们就是在重写自己的经历，并将自己塑造成反派。在我自己的例子中，如果我有意识地选择尝试进行外归因，就会免去很多自责和过度思考。我就会去考虑这样一种可能性：这个人是那种对小嘲讽反应强烈的人，对她来说，立刻道歉都是不够的。我会意识到，不管怎么说，跟这样的朋友保持一定距离可能会更安全。外归因并不能消除我的内疚和焦虑，但它可以把内疚和焦虑削弱到一个合理得多的程度，而且不会影响我的自尊和睡眠。

我们需要通过练习来改变我们对自己讲述的挫折故事。这需要改变一些思维习惯：把自己从很容易陷入的自责的深渊中拽出来。

还有一种归因模式同样会破坏女性的自信。当女人和女孩成功时，她们往往认为这是因为自己努力工作。她们把成功归因于努力。而当她们失败时，她们会认为这是因为她们不聪明。她们把失败归因于能力。

这么做的问题是：我们会让自己轻言放弃。如果你把失败归因于自己能力不足，你就更可能会想："好吧，我想我天生就没那个智力或能力。"这样一来，要想重整旗鼓并再试一次就会困难许多。把成功归因于努力也是同样的道理，这种心态意味着你缺乏核心天赋，环境决定了你的一切。这也不符合事实。

你倾向于如何解释你的成功和失败？在你开始培训你的女儿之前，请先审视自己的内心。当你经历一次挫折时，注意观察你的归因模式。你是会飞快地责怪自己能力不足，还是会考虑外部情况，还是会同时考虑这两个因素？当你取得成功时，你只将其归因于你的努力吗？如果你需要做出改变，那么在你开始与你的女儿一同努力之前，先花些时间自己练习。像往常一样，在开始和她谈话时，准备好承认自己需要改变。

你的女儿失败时，千万别再责怪她能力不行，也别让她自己这么做。相反，研究她做出的选择，以及事情发生的大背景。不要问她如何才能让自己有所不同，而要问她可以采取什么不同的做法。

对努力加以表扬可以培养一种成长心态，但还是很有必要提醒你的女儿她所拥有的天赋。下一次她成功时，要结合她的能力和环境来赞扬她。她拥有什么天赋能使这一成功得以实现？她是否使用了内在资源？她是否以积极的方式与自己交谈、拒绝放弃、保持自律并妥善处理建设性反馈？是她在某一学科的天赋发挥了作用吗？把努力和能力等因素考虑在内是可以的，但不要让她将成功完全归因于这些。

凯和希普曼写到，在一次研究中，有500名大学生被要求解答一系列空间难题。女生的得分明显比男生低，不是因为她们没有能力，而是因为她们跳过了那些她们怀疑自己没能力做的题目。扎卡里·埃斯特斯（Zachary Estes）教授决定重复这一实验，这次是让学生们试着解答每一道难题。结果女生的分数大幅提高，她们和男生打了个平手。

这项研究一直困扰着我。它总是让我想到女孩们在考试中因为不想去猜测而丢了多少分数，在课堂上或会议上有多少答案因为女孩们没有举手而未能得到分享。由于女孩们怀疑自己、不肯采取行动，我们失去了什么？

冒险的决定和行为可以给女孩的生活带来令人振奋的变化。在大学里，贾丝敏一直选择去冒她所说的"安全而可预测"的风险，即"不会严重影响到我，而且即使失败我也可以将其隐瞒"的事情。在完成了我的"叛逆者领导力"课程后，她用自己仅有的一点钱买了一张飞往南非的机票。为此，她拒绝了两个实习机会，甚至在计划制定前都没有告诉父母。"他们觉得我疯了。"她回忆道。

这一次冲动（的旅行）改变了她的生活。"我真正深入到世界的最南端，去探索一个美丽的国家，后来我才知道我的祖先曾生活在那里。我第一次坠入爱河。我学会了过自己的生活，停下来享受美好事物，去做一生中只有在特定年龄段才适合做的事情。"她在那次旅行中向自己证明的东西帮助她在今天充满不安全感的就业环境中坚持下去。

当我训练女孩们冒合理风险时，我会问她们三个问题：

- ◆ 最糟糕的情况是什么？
- ◆ 你能接受那种情况吗？
- ◆ 你有资源用来应对那种情况吗？

她们对第一个问题的回答五花八门，包括"我会得不到这份工作""我的考试成绩会很差""我会遭到拒绝"以及"她们不会给我回短信"。

当林迪·韦斯特刚开始训练自己变得更坚定自信时，她总是担心可能发生的最坏情况。她在《尖叫》一书中写道，在"从安静变得声音洪亮"的道路上，"(我记得)那些让我觉得自己就要死去的时刻，接着我意识到我其实并没有死，然后下一次我内心的死亡感就会减轻一些"。她建议年轻女性在冒险之后问问自己："我死了吗？我是不是死了？世界是不是有所不同了？我的灵魂是不是已经分裂成无数碎片，散落在风中？"较年长的成年人可能会觉得韦斯特使用"死"这个字有点戏剧化，但韦斯特只是在用百分之百的女孩口吻说话。

在接受过我训练的成百上千名女孩中也许曾有那么一位，在描述她冒险"可能导致的最坏情况"时谈的是真正的灾难。不过，大多数情况下，女孩们所描述的一切都相当平淡无奇，然后她们自己会颇为惊讶地说："是的，事实上，我可以应付这种情况。"

当她们真的做到时，她们就更惊讶了。

ENOUGH AS SHE IS

第 5 章

期待最坏的结果和过度思考

> 我就是这样一个人,当我上床睡觉的时候,我会重温自己白天说过的每一句话,并且会为其中的一大半话而责备自己。
>
> ——哈珀,16 岁

消极想法驱动我前进:防御性悲观

如果在一场考试前和一群女孩坐在一起,你会听到此起彼伏的预测最坏情况的声音:

"我一定会不及格的。"

"这会毁了我的 GPA。"

"我永远也毕不了业了。"

心理学家称这种现象为"防御性悲观"(defensive pessimism),或是"为失败做计划"。它的原理是这样的:当你面对挑战时，想象一个消极的结果。如果一切顺利，你会感到惊喜。如果不顺利，你也已经做好了失望的准备。这在心理上相当于打包旅行袋，随时准备应对不测。你这样做只是以防万一。

16岁的阿维莎告诉我："我总是向自己讲述最坏的结果，所以即使我做得不太好，我也不会感觉那么糟。"摩根，一名22岁的大学毕业生，描述了她在求职申请中点击"提交"按钮时的心理活动。"我会说'哦，这份工作有那么多人申请，大多数人都比我更有资格，而我的资历不过如此，所以我得不到它'。"

"我去参加考试时会说'我会失败的。这门课我是不会及格的'。"21岁的菲比说，"或者说'我最终将不得不使用通过或不及格选项⊖'。或者说'我肯定毕不了业，肯定找不到工作。我必须为失败做好准备'。"她补充道，对拒绝的预期能让她提前对任何可能发生的痛苦感到麻木。

韦尔斯利学院的教授朱莉·诺雷姆（Julie Norem）的研究发现，有大约30%的人会使用防御性悲观策略，主要是为了转移焦虑，而且防御性悲观主义者在工作中往往更有效率。16岁的哈珀说："消极想法驱动我前进。"换句话说，防御性悲观不一定是件坏事。

但是当我听到女孩们大声说她们将如何一败涂地时，我对此感到怀疑。防御性悲观意味着你在把消极能量引入你的生活，以便应对困难。心理学家认为这是一种管理焦虑的有效方法，但研究表明，防御性悲观主义者往往对自己持消极看法。紧跟着"我会失败的"是"我可能没那么聪明"，以及"万一我失败了，进不

⊖ 指申请成绩只记录及格或不及格，而不是采用该门课老师所给的具体分数。——译者注

了我想上的学校,让我父母失望了该怎么办"。

这种消极思维会降低自尊,增强抑郁症状。自尊下降可能会激励女孩更加勤奋,也许她将这种勤奋当作一种自我惩罚。她全身心地投入,成功了,于是提高了自尊。如果她真的成功预言了失败,她也会因为说中了自己的缺点而获得一次小胜利。她可以告诉自己:"我早就这么说过了。"当下一个挑战来临时,这个循环就又开始了。先涂上泡沫,然后冲洗,循环往复。

这是我们希望女孩们采取的学习方式吗?动力更多来自害怕失败而不是希望成功?专注于思考她们不想做的事而不是对她们能做的事怀抱雄心壮志?研究表明,由成绩回避目标(performance avoidance goal)——即避免做得比别人差的愿望——所驱动的人更难实现自己的目标。他们的内在动机也没那么强烈:比起学习(和享受学习),他们更担心自己的形象受损。2003年的一项研究发现,担心自己的表现不如别人的大学女生数量大大超过了男生。

出于若干原因,女孩可能更容易陷入防御性悲观主义。女孩尤其容易因失败而沮丧,把失败看作自己缺乏能力的标志。她们报告的焦虑感远远超过男孩。当女孩比男孩更成功时,她们会低估自己的才能,这意味着成功并不能让她们更自信(男孩则不一样)。如果在女孩看来失败的威胁(比成功的可能性)更大,她们就可能采取自我保护的而不是主动进取的、"我要战胜它"的姿态。

我们也别忘了,女孩的世界很欢迎防御性悲观主义者。所谓期望最坏的结果就是在实践社会所认可的谦虚。"我考砸了"也是"女孩守则",因为这意味着"我没那么聪明,或成功,或熟练"。女孩的谦逊长期以来一直受到同龄人和成年人的奖励。谁能比喜剧演员艾米·舒默(Amy Schumer)更好地展示这一点呢?舒默的热门小品《恭维》（*Compliments*）表现了年轻女性面对赞扬时的自我贬低行为。"我本想让自己看起来像凯特·哈德森，"一个女人耸耸肩说，她的头发刚刚染好，"结果却看起来像挂在金毛猎犬屁屁上的干便便。"当被告知她有多漂亮时，艾米回应说："我是一头该死的奶牛，我站在野地里都能睡着。"

"我很丑。""不，我才是最丑的。"这种对话是防御性悲观的近亲。一个女孩大声说她担心自己的职业梦想不可能会实现了，她的朋友会安慰她说："你在开玩笑吧？我敢肯定你会成功。再说，不管怎么说，我做得比你糟多了。"两个女孩都得到了同龄人的认可，并释放了自己的紧张情绪。她们把恐惧从自己的头脑中释放出来，将其外在化。而且她们通过了女孩世界的谦虚测试，在彼此眼中，她们立刻变得更讨喜了。

17岁的乔安娜告诉我："这是一种扭曲的社群意识。知道并非只有你一个人是这样会让你感到心安。大家在一起做所有的事情，一起进行准备，一起渡过难关，所以，在失败中抱成一团也是一件很自然的事。"

不过，再深入一点，你会发现某种不那么姐妹情深的东西正在表象之下展开。当女孩们分享恐惧时，竞争也开始萌芽。乔安娜说："你会拿自己和别人进行比较。"

即使当你听到有人说"我搞砸了"，而且你也在安慰她们，但在内心深处你可能会说："哦，她搞砸了，但我没有。"因此，这让你处在一个较高的位置。这里面带有一点……贬低别人以抬高自己的意味。

女孩们悄悄地从盟友变成了竞争对手。在一起仔细研究彼此的缺点，会让女孩们觉得自己能力不足，有所欠缺。这会导致有害比较。为了让自己真正安心，她们可能必须知道另一个人有缺陷。正如戈尔·维达尔（Gore Vidal）曾经说过的："光是自己成功还不够，其他人必须失败。"

然而，更令人不安的是，这种行为是如何变成一种习惯，一根女孩每次面对会带来未知的、可能令人失望的结果的挑战时都会依靠的拐杖？如果女孩们在做计划时总是假设新的可能性不会真的发生，那她们怎么能对未来保持完全开放的心态呢？当然，防御性悲观可能会让女孩们感觉更好，但这会不可避免地给好奇心和成长设置天花板。这不是认真思考成功的概率，它只会给每个重大问题贴上"无论如何我都可能失败"的标签，也可能会影响女孩们的自信。正如我们所看到的，当女性低估自己的能力时，她们就不太可能去挑战冒险和探索新机遇。

女孩，尤其是表现最好的女孩，在成长和学习的过程中缺乏乐趣。有太多人认为痛苦等于成功。如果它没有伤害到你，吓唬到你，让你做关于失败的噩梦或者让你因为压力而几乎崩溃，那一定是你还不够努力，你也不配成功。

防御性悲观是这种痛苦亚文化的一部分。它是一种将焦虑最小化和将谦卑最大化的方法，但它是以牺牲女孩们的勇气为代价的。毕竟，在面对风险时，女孩们是无法靠封闭思想和心灵之窗，祈祷自己不受尚未发生的失败的伤害而变得坚强起来的。只有当她们能够实事求是地思考失败可能意味着什么，看起来可能是什么样子的时候，她们才会变得更强大。在脑海中想象卡通化的灾难画面是没有用的。

帮助女孩们想象挫折（来临时的样子）以及她们对挫折的反应，可以成为一种增强自信的方法，用来取代防御性悲观。几十年来，运动心理学家一直在训练优秀运动员这么做，即在比赛前对赛况进行想象。运动"成像"是一种训练手段，可以让竞技者在不可预测的情况发生之前制定应对策略。一位奥运会雪橇运动员告诉《纽约时报》:"你得尽量在脑海中保持鲜明的图像,这样当你抵达赛场时,你将不仅仅是从起点出发。一个人能在脑海中做的事情真是太多了。"这样做的效果是如此强大,以至于几乎每个运动员都会在比赛前进行想象。

在纽约大学,加布里埃尔·奥廷根(Gabriele Oettingen)在关于"心理对照"(mental contrasting)的研究中要求人们同时想象通向目标的障碍以及克服障碍的感觉。在不同年龄、种族和职业的小组中,能够想象两方面潜在结果的人比那些只想到失败或只想到成功的人更有可能成功。只有当你愿意透过挫折看到一种富有成效的反应(即想象出成功应对挫折的方法)时,这个练习才会让你去想象挫折。这与仅仅想象失败有着天壤之别。找个时间和你女儿一起试试。

不管是申请工作还是申请学校,如果你女儿担心被拒绝,就跟她一起好好谈谈听到"No"时会是怎样一种情形。让她想象一下,她会有什么感觉?她可能会怎么想?她可以如何照顾好自己?接下来她该怎么做才能让自己继续前进?

现在,你们再一起想象一下听到"Yes"时是什么感觉。她会有什么感觉和想法?为什么这次胜利对她而言很重要?她会如何庆祝?把两种场景都想象一下有助于提醒她自己最初为什么会在意这个(或者,在某些情况下,也可能是不在意)。这可以让她记住,关于如何应对自己遇到的问题,她有各种选择,而且她可以确定,无论发生什么,你都会与她站在一起。

当我开始向女孩们讲解防御性悲观时,我的秘密策略就是期待最坏的结果。我从来没有对此多加考虑过。从学生的话中,我发现了自己的坏习惯——期待最坏的结果。听着这些聪明、勤奋、前途无量的女孩告诉我她们将是多么失败，我大为震惊——我的意思是，我很生气。

我开始直面我自己的坏习惯。我每两个月左右会向《纽约时报》提交一次专栏文章。每当我按下"发送"键时，我都会低声对自己说："他们会拒绝这篇文章的。"我确实被拒绝过：一次，两次，三次，还有第四次。当然了，这很令人失望。接着奇怪的事情发生了。一个影像突然出现在我的脑海里。我看到自己拿着《纽约时报》，在上面看到了我的名字。

对我来说，关于成功的幻想是极其陌生的，但是因为我曾被拒绝了很多次，所以我对于听到"No"的体验已经不再陌生。我不仅熟知这种体验，而且我知道它不会杀了我。

我像是在无意中把伟大而强大的奥兹国的巫师㊀面前的帘子给拉开了（顺便说一下，魔法师指的是"失败"，而不是《纽约时报》），结果发现失败是一个瘦骨嶙峋的小家伙，就是它在操纵芸芸众生。为应对失败、应对"No"、应对拒绝、应对失望而锻炼出一块肌肉，是让我摆脱防御性悲观的关键所在。一旦我对失败的恐惧消退，我就不需要保护自己了。我可以把更多的注意力放在冒险的乐趣上，而不是建立认知壁垒以保护自己。

让我重复一遍：我可以真正享受我正在做的事情。我可以从冒险中获得乐趣，从挑战中学到东西。

如果你是个防御性悲观主义者，你很可能已经把这种心态部分传染给了你的女儿。孩子和学生应对风险的方式是由我们打造的。正如一位本科生告诉研究人员的那样："我父母总是说'不要把你的目标定得太高，因为你只会失望……'，他们总是小心翼翼

㊀ 《奥兹国的巫师》中的角色，此书又名《绿野仙踪》。——编辑注

地不让我抱太大希望,这样我就不会失望了。"在和你的女儿讨论她的习惯之前,花点时间反省一下你自己的习惯。诺雷姆发表过一份旨在衡量防御性悲观的调查问卷,其中的问题包括:

- 我常常在着手行动时期待最坏的结果,尽管我可能会做得挺好。
- 我花很多时间想象可能出什么问题。
- 在这些情况下,我很小心,从不过度自信。
- 在这些情况下,有时我更担心自己看起来像个傻瓜,而不是担心能不能把事情做得很好。
- 考虑可能出现的问题有助于我做好准备。

我们中的大多数人都不会为了击垮孩子而让他们去期待最坏的结果。当我们建议女孩们不要对一个目标太过兴奋时,我们自认为是在保护女儿。但可以肯定的是,社会已经在强调这一点了。女孩们需要父母做的,是帮助她们去想象一下适应力和成功。

过度思考

前几天,等我把孩子们哄上床后,我一个怀孕的朋友过来玩。达妮埃尔把她肿胀的脚放到一个搁脚凳上,用勺子吃着我递给她的雪糕,大声说她很担心这第三个孩子会对她的另外两个孩子产生什么影响。她看上去快要哭了。

"哦,他们不会有事的。"我兴高采烈地告诉她,"还记得在你第二个孩子出生后你很害怕吗?但结果一切都很好,这次也一样。"

当我看着达妮埃尔的车驶出车道时,一丝小小的焦虑感在我心中萌芽。"我是不是太狠心了?我是不是应该表现出更多的同情？她会不会很生气，却什么也没说？也许她什么也没说是因为她早就料到我会这么冷漠？大家是不是都这么看我？"

我给她发短信道歉，然后等着。她没有回复。当我回忆谈话经过时，焦虑开始生根：第一次是在我穿上睡衣时，第二次是在我刷牙时。我查看手机，然后上床睡觉。她还是没有回复。"我想她离开时真心拥抱了我……不是吗？"

这种过度思考有一个名称：反刍思维（rumination）。反刍思维，或者强迫性地思考问题的原因和后果，会干扰人们解决问题的能力和动力。反刍思维最早由已故的耶鲁大学教授苏珊·诺伦·霍克塞马（Susan Nolen Hoeksema）发现，在 12 岁的女孩中出现的频率高得不成比例。当超过 600 名青少年被要求告诉研究人员他们有多担心外表、友谊、安全和家庭问题等事项时，除"在运动领域取得成功"这一项外，女孩在各项上的焦虑程度都比男孩高。

反刍思维在成年早期达到顶峰，但我遇到的所有青春期女孩都不知道它是什么。大多数女孩认为自己只是无法停止思考，顶多是有点疯狂罢了。反刍思维不可等闲视之，你的女儿得知道它是什么，并且能够说出它的名称。它与抑郁、焦虑、暴饮暴食有关。成年后，反刍思维者患抑郁症的概率是非反刍思维者的四倍，他们也非常喜欢进行自我批评。

"我绝对是自己最苛刻的批评者。我对自己做的每一件事情都很挑剔。"哈珀告诉我。"我就是这样一个人，当我上床睡觉的时候，我会重温自己白天说过的每一句话，并且会为其中的一大半话而责备自己。"夜晚是反刍思维的最佳时机。独自在宿舍或卧室待着时也是如此（Netflix 不算伴侣）。

19 岁的凯蒂是一所公立大学的一年级新生，她为我表演了她的内心独白。"我为什么不更努力学习呢？我为什么没有这么做而是那么做了？如果有一天晚上我出去参加派对，而那天我本应该复习功课迎接考试，我会想，你真是太蠢了，你心里应该有数的。"19岁的凯拉说，当她犯错的时候，她感觉最难挨。"你会回忆你做错的事情，而不是你做对的事情。你生自己的气，对自己感到失望，而且这种情绪始终挥之不去。"反刍思维是伪装成自我反省的自我批评。

社交媒体引入了一种新的、虚拟的反刍思维方式。18岁的玛雅花了几个小时看前男友的短信。"你知道有专门的播放列表能使你浏览你前任的照片吗？"她问我。（我不知道）。短信、聊天记录、电子邮件，甚至照片都让我们的许多想法和言论具有了生命；我们可以仔细审视在线互动的记录，就像在脑海中回放对话。玛雅对我说："我回去浏览了他显然还爱着我时发布的所有内容。"

我想："是什么改变了？你怎么还没有重新爱上我？"我仔细研究他发给我的晚安短信，当我不高兴时他发给我的短信，他说过多少次"不"或者"好吧"，而非完整的句子。

在经历了她自己所描述的"极其可怕的虚拟旅程"之后，玛雅删除了所有短信。

女孩们倾向于认为反刍思维意味着你很关心一个问题，而且你也更接近于解决它。但是诺伦·霍克塞马发现，过度思考会放大我们已经体验到的压力。她将其描述为"酵母效应"（yeast effect），认为你越是过度思考，问题就显得越严重。反刍思维导致人们忽视过去的积极记忆，使他们的观点偏向消极的东西。她写道，过度思考"并不能给你清醒的洞察力，让你看清过去或是找到解决当前问题的方案。相反，它用消极态度污染你的思维，以至于你在开始行动之前就已经被打败了。"

第5章 期待最坏的结果和过度思考

在坚持解决一个问题和责备自己之间有一条很细的，通常看不见的界线。22岁的克莱尔是这样说的："如果我对自己不苛刻，谁会呢？但我越是这么做，我完成的事情就越少。"当斯坦福大学的学生被要求解决一系列虚构的个人问题时，反刍思维型学生既缺乏动力，也缺乏解决问题的技能。他们的决策速度较慢，对自己的选择较缺乏信心，而且往往无法执行解决方案。

诺伦·霍克塞马认为，反刍思维中的性别差异主要是由文化造成的。父母更倾向于关注和支持女孩们对悲伤和焦虑的表达，却会阻止男孩们这么做。父母喜欢与女儿而不是儿子分享自己的负面感受，这为消极思考打下了基础。研究表明，到成年时，那些认为悲伤和焦虑等情绪无法控制的人很可能会进行反刍思维，而女性更容易这么认为。

女孩们也更倾向于根据自己的人际关系好坏来定义自己。她们比男孩更操心人际关系，给自己更大的压力，这使她们的自尊容易受人际关系或稳定或混乱的影响。这种"对关系的过度关注"使女孩们长期因与他人关系的微小变化而焦虑，并过分在意他人的言行举止。

反刍思维也是一种在文化上受到认可的女孩管理悲伤的方式。如果你静静地沉湎于自己的消极情绪，你仍然可以保持自己可爱的关怀者的形象。如果你像许多女性一样，难以坚定地表达自己的主张，反刍思维就成了一种工具，用来处理那些找不到发泄口的想法。语言学家黛博拉·坦南（Deborah Tannen）发现，女性把参与"麻烦谈话"（trouble talk）作为一种联络感情的方式：她们会通过讲述自己遇到的挑战来回应朋友遇到的问题。诺伦·霍克塞马称之为"针锋相对的过度思考"（tit-for-tat overthinking）。

反刍思维也有它的好处。《自信宝典》的作者之一克莱尔·希普曼告诉我："女性花很长时间努力思考各种事情，这使职场保持平衡。我们不会和所有男人一起冒失行动。工作团队需要这样的头脑。"但是反刍思维并不是全盘考虑问题的方式，而是你大脑中的深思熟虑区域自行启动了。

反刍思维者倾向于认为他们面临着"长期的、无法控制的压力"，并表现出完美主义和神经质等个性特征。我遇到的许多有抱负的年轻女性都有上述这些特点。

菲比是一名大四学生，在我去她就读的大学访问时，她负责接待我。放假期间，她早上6点从西海岸的家中卧室打电话给我。我们相互熟悉以后，她向我描述了她家楼下起居室里的家庭生活图景。她把自己描绘为一匹"秀场小马"，她的父母年纪较大，是从中国移民过来的。她说："我总是在表演，总是被期望又漂亮、又可爱、又友善，要能弹奏钢琴协奏曲，要去谈论我参与的所有事情，在圣诞节前要瘦到可以穿零号尺码的衣服。"在学校里，她负责组织学生会工作者，负责女性领导力辅导课程，并与行政部门合作，增强校园经济的多样性。然后，她说："我周末也很努力。"意思是她周末还得参加派对。

我抵达目的地后，菲比在附近的一家咖啡馆跟我碰头。她穿着彩色的裹身裙和靴子，姿态活像年龄比她大一倍的成熟女性。可当我们坐下来交谈时，另一种声音出现了，那是她脑海里的声音。

菲比描述了她在简陋的宿舍里进行的一套深夜仪式。她说："我会在入睡前的20分钟里回复邮件，我会回想一整天的经历。"如果有什么事情不顺利，她会问自己是否本可以做得更好。比如，如果她对一个朋友说了实话，她会担心自己语气太重。躺在床上，在笔记本电脑的屏幕发出的光下，她忧心忡忡，疑虑重重。"我会问自己很多不合理的问题，而我其实不知道答案。"她慢慢地说，似乎随着她把这些说出来，她第一次明白了这一点。

她今天在课堂上是不是问了一个愚蠢的问题？她是不是应该在发言前做更多的研究？别人对她的发言怎么看？菲比对我说："不确定性让我倍受折磨。我总觉得我应该掌握主动权。"过度思考的吸引力在于，它让女孩们对自己几乎没有控制权的情况产生了一种控制感。你不能改变已经发生的事情，反刍思维就是接纳你焦虑而嗡嗡作响的思绪的完美方式。它提供了一部头脑跑步机，永远无法让你得出任何解决方案，但是能让你累到产生一种已经尽力尝试过的感觉。

当我在她们学校组织的午餐时间研讨班上授课时，菲比拼命记笔记。仅仅是听说"反刍思维"这个词对她来说就已经是一种解脱。她突然明白了，反复思考并不是只有她一个人深陷其中的随机行为。这种行为有一个名字，有一个原因，还有一个解决方案。

现在，深夜时分，当她的头脑开始准备转动时，菲比尝试了以下策略：

- 想象一个大大的红色停车标志，一个能告诉自己停止去想目前正在想的事情的具体图像。迅速停下来，然后去想别的事情。
- 给反刍思维制定时间表。她说："我会让自己沉湎于此直到晚上11点半。然后我必须停下来，去做别的事。"
- 专注于呼吸，以减缓思考速度，试着从1数到10，然后再回到1。
- 问自己一些问题，以促使自己坚持去想自己所知道的事实,而不是去猜测自己不知道但可以用来进行反刍思维的事。如果担心朋友生自己的气,就问"这个朋友是不是有向我隐瞒她真实感受的习惯"或者"她离开时看上去是不是真的很冷淡或很沉默"。菲比对自己提出的其他问题还包括:"这件事或行动真的会影响我的毕业状况吗"以及"如果我做出这个选择,那些爱我的人会停止爱我吗"。

◆ 想一想,自己喜欢的朋友可能会如何看待这种情况:"我最好的朋友会建议我如何评估这种情况?"

这些方法让菲比不再沉湎于自己的缺陷,转而思考她可以在第二天早上采取的下一步具体行动。

阿努有一本笔记本,她在上面写下了从自己所纠结的错误中得到的教训。"当我回过头去读它的时候,"她告诉我,"我更容易去思考下一步要做的事情。"

20岁的凯西在参加过我的一个研讨班后,写下了她的强迫性想法,并把它们放进自己做的"思想盒子"里,搁在宿舍的床边。盒子里有可以拼出她名字的木头字母,一块天鹅绒豹纹垫子,里面还贴着一首关于勇气的诗。她在一封给我的电子邮件中写道:"我的想法是,当我过度思考一件我无法控制的事情时,我可以把它写在纸上,扔进盒子里,然后放手(把纸翻过去,放弃)。不知何故,这样做一遍会使放手行为变得更加具体和真实。"

这么做并不总是有效。有时候她会连续几天写下同样的想法并将其塞进盒子里。"这不是灵丹妙药,"她告诉我,"但是这个盒子让我觉得我不必为那些我无法控制的事情负责。我不是宇宙中最强大的力量,控制世间万物运作的力量比我要强大不知道多少倍。当我不再试图控制一切,把那些愚蠢的东西放进盒子里,并抛开那些拖累我的东西时，我的生活变得顺利多了。"凯西的盒子让她不再被自己的思想所吞噬，她把这些思想放在了外部世界。她因此明白了，她的反刍思维并不能定义她。

共同反刍思维

密苏里大学的阿曼达·罗斯（Amanda Rose）教授正在研究校园里的青少年，她感到很困惑。她知道女孩们深厚、密切的友谊能以独特的方式滋养她们。她告诉我："文献资料确实强调了女孩们在友谊中是多么敏感，以及她们是多么乐于彼此支持。"男女之间最大的社会性别差异之一是信息披露：女孩之间的信息开放程度要远远超过男孩。她解释说，这些因素本应该可以保护女孩免受一些情感问题的困扰。

但事实并非如此。研究发现，女孩比男孩更容易出现情感问题，她们产生焦虑和抑郁情绪的概率是男孩的两倍。

罗斯着手研究这一悖论。经过多年的观察研究，她开始注意到女孩们会花多少时间一对一地谈论自己的问题（相比之下，男孩们会花更多的时间待在群体中）。向彼此倾诉问题的做法让女孩们欲罢不能。她们这样做似乎是为了让自己感觉好一点，让彼此变得更亲近。但也许，罗斯开始想，这会让她们感觉更糟。

她告诉我："这就是为什么我对这样一个想法产生了兴趣，即女孩们和朋友在一起做的一些事情可能会部分损害她们的情感健康。"2002年，罗斯发表了她的第一篇关于"共同反刍思维"的论文，她对此的定义是：和朋友谈论各种问题，为问题的起因感到担忧，只关注负面感觉，并鼓励彼此继续这样做。

"他喜欢我吗""她生我气了吗""如果得不到那份工作，我该怎么办",女孩们会花上无数个小时去钻研这些问题。我记得在整个高中和大学期间（如果让我说实话，上周也是如此），我一直都和朋友们一起沉溺于这些问题之中。

在她对青少年男女的研究中，罗斯发现女孩是最有可能和朋友们进行共同反刍思维的群体。她们也是唯一一个自身行为预示着抑郁症状，并且共同反刍思维会随着年龄增长而加重的群体。

罗斯意识到，女孩们确实有可能拥有亲密的、充满关爱的友谊，但也有可能因为这些关系而在情感上受到损害。在克里斯汀·卡尔姆斯（Christine Calmes）和约翰·罗伯茨（John Roberts）对大学生进行的一项研究中，女性比男性更有可能与朋友们一起进行反刍思维（也许是因为男性在社交方面会避免向对方示弱）。这种行为预示着"抑郁症状升高"以及更高的友谊满意度，但仅限于女性。

我不知道这是不是因为女孩们相信"麻烦谈话"是亲密友谊的基础。在阅读罗斯的著述时，我想起了我和女孩们的无数次对话，谈她们认为好朋友的价值是什么。大多数人说她们很珍视有人可以倾吐秘密。罗斯也看到了这一点。操场上的窃窃私语和心声吐露也发生在宿舍和学生中心。这导致了更亲密的关系和更高的友谊质量，但并非没有代价：谈话本身很令人沮丧。任何关系中都可能发生共同反刍思维，但有两种情况似乎对青少年尤为有害：与朋友进行的和与父母进行的。

在卡尔姆斯和罗伯茨的研究中，研究人员推测，跟和其他人分享相比，与朋友及父母进行的这些对话可能更加"被动、重复和消极"。2013 年，罗斯发表的研究结果表明，与母亲一起进行反刍思维的青少年也更容易与朋友一起进行反刍思维，并出现抑郁和焦虑等"内化症状"。罗斯在她的研究结论中写道:"与处于青春期的孩子一起进行反刍思维的母亲应该意识到,她们或许正在建立一种沟通方式,一旦孩子们在与朋友交流时也采用这种沟通方式,就可能会产生负面的情感后果。"

当你的女儿遇到问题来向你求助时,你最好如何应对?答案并不是停止回复她的短信或是避免谈论她的问题。你可以思考一下自己有没有在和女儿谈话时就她的问题或是你自己的问题进行共同反刍思维。请思考罗斯提出的这些问题:

- 你们是否会把在一起的大部分黄金时间用来谈论,而且是长时间地谈论她的问题?你们每次见面或谈话都很可能这样做吗?
- 你们是否会花很多时间谈论她的问题给她带来的糟糕感觉?
- 你们是否会花很多时间试图弄明白她的问题中你们无法理解的部分,包括问题发生的原因,以及该问题可能导致的每一种坏结果?
- 你是否会鼓励她不断谈论她的问题,即使她没有主动提起?
- 你们在一起时是不是只会做这些,而非从事其他活动?

无论是我们独自进行,还是和别人一起进行,反刍思维都是在一条循环的轨道上运行的:思考,推测,强烈的情感表现,我们在这一过程中周而复始。我们没有去解决问题、做出决定或者单纯在一起找点儿乐子。停止和你的女儿一起进行共同反刍思维意味着放弃她不知道(或无法知道)答案的东西,致力于她能控制的改变。这也需要你去共情她的感受,而不是沉湎于其中。

不带反刍思维的谈话

当你敦促你的女儿采取行动而不是谈话时，她对你大喊大叫——如果出现这种情况，就说明她可能是想进行共同反刍思维。这时候你可能会听到"这是没有希望的""我对此无能为力""我真不敢相信她居然把脏衣服扔在我床上"或者"我早就知道我本该去另一所学校的"这样的话。

很少有哪句育儿格言比下面这句话更能引起共鸣：我们的快乐上限由我们最不快乐的那个孩子决定。为了帮助你的女儿远离反刍思维，你需要使用你的力量和能量储备，这样，当你为你的孩子感到心碎时，你就可以坚守阵地，给她温暖和同情。

你可以这样回答："我知道你很难过，我懂，换了我我也会难过的，但在某个时候，我们必须往前走，努力解决正在发生的事情，让情况变得好一些。往前走的最好办法就是想清楚下一步该怎么走。让我们一起努力吧。"同情对帮助她摆脱反刍思维至关重要。当她相信你真的能理解她的感受，并且相信你正在努力体会她的经历时，她会更愿意听你的。

ORID[⊖]是一种解决问题的方法，旨在帮助个人和群体变得头脑清醒，从而不再优柔寡断，并能解决问题。我发现它是一种很有用的工具，可以用来引导那些深深陷入反刍思维之中的对话。

比如，你女儿在跟你谈论她不喜欢的某个室友。这个室友很不体谅人，也很不友好，而且，似乎没有意识到自己是个十足的懒虫。你女儿听上去很沮丧。现在才是开学第二周，她该如何度过这一整学年呢？

[⊖] ORID 是 objective(客观的)、reflective(反思的)、interpretive(解释性的)、decisional（决定性的）这四个单词的首字母的缩写。——译者注

你的第一批问题应该是"客观的":问你女儿哪些是她真正知道的事实。发生过什么事?室友说过什么、做过什么?作为回复,你女儿说了什么或做了什么?你要坚持问是谁、什么事、在哪里、什么时候以及怎样。不要问"为什么"。别让你女儿开始发表长篇大论。(你能相信她有多粗鲁吗?她吵得这么厉害,我还怎么学习?!)始终立足于证据的坚实基础上,以及她此刻所知道的事实。

你接下来的问题应该是"反思的":你女儿对此有何感觉?她生气吗?感觉遭到背叛了吗?失望吗?让她发泄一下对室友分配流程的不满,谈谈在宿舍大院里搭帐篷是否合法。

现在,问题转向"解释性的":这对她意味着什么?有一个不体贴、不友好的室友会对她产生什么影响?这将如何影响到她的情感、社交和学业?

最后,问题进入"决定性的":对此她打算怎么做?你怎样才能帮到她?她可以利用哪些校园资源?下一步最好该怎么做?是直接面对她的室友,找宿管处的工作人员谈话,还是试着换宿舍?宿舍居住政策和协议是怎么规定的?确定能在一天时间内实施的具体可行的下一步。

反刍思维本质上是一种消极的思维模式。这不是遗传的,也不是不可避免的。你不妨把反刍思维(和共同反刍思维)想象成一条轨道,你的思想正沿着它缓慢行驶。我们必须转向一条更积极的认知轨道,开始产生更好的想法。

进行反刍思维的人经常为了某件事情而痛责自己,这就是为什么学会停止反刍思维并不像"去想其他事情"那么简单。这里有一个关键的中间步骤:你必须原谅自己。只有这么做,你才能脱离那条轨道,说"够了,事情没那么糟糕,我也没那么糟糕"。这就是我们接下来要讨论的问题。

ENOUGH AS SHE IS

第 6 章

把自我批评变成自我关怀

> 你说我应该对自己好,这岂不是意味着我得整天穿着睡衣坐在房间里看 Netflix?
> ——珍妮,20 岁

在华盛顿特区一个针对新大学毕业生的研讨班里,我巡视着一片死寂的教室,想找到一瓶可以用来暖场的葡萄酒。没门儿。这些女人静静地坐在折叠椅上,膝盖上放着生菜沙拉和智能手机,直愣愣地盯着讲台。

"好吧,"我开始说,"想象一个刚刚学会走路的小孩。"她们诧异地瞪着我。她们都是二十几岁的人,不会和蹒跚学步的孩子混在一起。

我接着往下说。

"你们知道,当他们刚开始走路时,总是会摔个狗啃泥吗?"这间教室里肯定有人替他人照看过孩子。终于,有几个人点了点头。

"那么,当她摔倒时,你会对她说什么?"我问。

"没关系的!"一个女子主动说。

"我来扶你。"另一个女子说。

"你们会告诉她,她是个大白痴吗?"我问她们。她们睁大了眼睛,然后大笑起来。

"你们当然不会,"我继续说,"因为对孩子说刻薄的话会把他弄哭,使他不想再次做出尝试。"

这些女人慢慢意识到,她们经常用这样的方式对自己说话。

我们中的许多人都相信一个听上去很有道理的说法,即自我批评是培养自制力最有效的途径。闹钟响了,但你却不想起床?告诉自己你太懒了,然后把屁股从床上抬起来。你真的想吃第三片比萨吗?不行,胖子,别看比萨了,吃根胡萝卜吧。你的朋友发短信恳请你去他家看电影,你打算怎么做?如果你进不了好的研究生院,你就会变成一个失败者,所以,再在图书馆里坐上两个小时吧。

自我批评方面的性别差异在青少年期会加剧。女孩往往比男孩更自觉,对自己更严厉,更倾向于消极的自我对话。她们过度思考自己遇到的挫折,花太多时间去回想自己本可以做些什么。很多人把"没有痛苦就没有收获"解读为要主动给自己施加点什么,觉得自我打击可以激励自己去改变,认为如果没有自我批评,她们就会变得僵化,无法有卓越的表现。

在常春藤盟校举办的一期研讨班再清楚不过地向我展示了这一点。当时我在鼓励一群女性领导者不要那么喜欢自我批评。学生们很有礼貌地听着。然后其中一个人举起手,仰头看着我,就好像我在要求她们穿着美人鱼套装去上课。"所以你是说,"她慢慢地说，"我应该对自己好。"这不是一个问句。

"是的。"我说。

"这岂不是意味着我得整天穿着睡衣坐在房间里看 Netflix？"

她的同学们都笑了，而我不能责怪她们。自我批评是她们的秘密兴奋剂，她们对此毫无歉意。它已经为她们服务了这么长时间，她们不打算放弃它。

现在该帮助你的女儿揭穿自我批评会让她变得更努力、更出色的谎言了。各项研究始终表明，自我批评会削弱她的驱动力，也会削弱她的自我效能感，即她认为自己可以成功完成某一特定任务的信念，而这正是自信的关键组成部分。在大学里，喜欢自我批评的学生不太可能朝着自己的目标前进，而且会出现更多的拖延现象。自我批评也会让她感到不开心：研究显示，自我批评与青春期女孩抑郁症患病率较高有关。在青少年和成人中，自我批评与社交和运动技能方面的不自信、饮食失调、对生活不满以及难以维持正常的人际关系有关。

消极的自我对话也会限制合理的冒险行为。毕竟，如果我们对自己评价不太高，就不会让自己去冒险。这就是为什么一个喜欢自我批评的人通常会避免那种会导致变革性成长的飞跃。塔拉·莫尔（Tara Mohr）在《大格局：在职场上找到你的声音、方向和你的信息》(*Playing Big: Find Your Voice, Your Mission, Your Message*)一书中写道，对自己要求严格"可以激励你成为一只一丝不苟的工蜂，但不能激励你成为一个改变游戏规则的人"。它只会确保我们走上一条狭窄、安全的道路。

自我批评不太可能真的让女孩们努力工作，更有可能是恐惧在促使她们努力：害怕失败，害怕暴露出自己的无能，害怕让别人失望。恐惧并不能激励女孩们朝着她们所珍视的目标前进，反而会让她们逃避一大堆令她们害怕的事情。

每一天我都在教女孩们，不必靠把自己打击得一无是处来控制焦虑、倦怠或悔恨感，还有其他方法可以应对挑战，本章就会教你怎么做。首先，我将从自我批评这一角度来解释你女儿的人际关系。然后，我将向你介绍两种旨在帮助她管理自我批评的简单而强大的练习。

女孩们为什么喜欢自我批评

有三个主要的因素使女孩们更容易陷入自我批评。青春期是第一个因素。随着她们的身体发生变化，女孩们变得更加害羞。她们担心自己的生理外貌是否达到媒体、父母和同龄人所要求她们追求的纤瘦理想。在这一时期，她们也接受了社会文化对她们的期望：成为"好女孩"，最重要的是要被别人喜欢，以牺牲自己为代价取悦别人，不要让他人生气或伤心。这使得她们更容易抑郁、焦虑和过度思考。所有这些因素都会加剧女孩们自我攻击的倾向。

其次，也就是第二个因素，根据女孩和成年女性的报告，她们比男性更容易感到羞耻，而且羞耻感更强烈。羞耻其实是一种非常强烈的自我批评。研究教授布伦内·布朗将羞耻定义为"极度痛苦的感觉或体验，认为自己有缺陷，因此不配拥有爱和归属感"。这就像是你女儿犯了一个错误，然后就此认定自己是一个糟糕或无能的人。她飞快地越过了一种更为温和的负罪感，即一种自觉做错了事情，但很容易从中恢复的感觉，直接攻击自己的软肋，开始责怪自己。你可以称之为悔恨心理的超常发挥。

一旦被羞耻感吞噬，她就更可能将自己与他人隔离开来，特别是那些可以帮助她向前走的人。当她被羞耻感裹挟时，她几乎不可能产生真正的动力或灵感去改变什么。

第三个因素是完美主义，即在让失败或成功定义自我价值的同时，坚持不懈地追求往往无法达到的绩效标准。完美主义实际上是由自我批评激化的。如果无论多少成功都不够，她就将一直认为自己做得还不够。如果无论多努力也不能让她满意，她就会感到永恒的倦怠。如此循环反复。

值得注意的是，自我批评也有一些益处，至少在女孩们的心目中是这样。自责会让你有一种发自内心的（或许是妄想的）对生活的控制感。认为你的问题根源在于你本人，就是在假设你从一开始就对一切拥有控制权，你只是不够努力罢了。对于一个雄心勃勃的女人来说，她把每一天都看成是一系列需要达到的成就，这种假设具有催眠效果。这也是一种会自我强化的循环。

当然，这是完全错误的。不管女孩们被告知掌控世界需要什么，她们都不可能控制一切。认为自己能掌控一切无异于把自己困在一个由虚假的希望、短暂的胜利和自我评判构成的无休止的循环中。这种心态与女孩力量恰恰相反，它是女孩毒药。

有些女孩之所以喜欢进行自我批评，是因为这可以让她们在别人对她们做出评价之前先一步对自己做出评判。在这个一个人会因为占用太多空间而受到惩罚的文化中，无论是在声音、想法还是在身体方面，自我批评都可能是一种自我防御措施。21岁的大三学生茱莉亚说，她经常在吃冰激凌时开玩笑说自己"绝对是个胖子"。她解释说："我会在别人思考和评判我之前说出来。如果我说了，那么这就是我说的，不是别人说的。"

所有这些都是在大学申请产业综合体的全视野下展开的。每一天，这个综合体都在向它的学生们，包括那些仍在它的魔咒下继续求学的大学生们传递一个信息：你永远都不够好，永远。在这场"神奇竞赛"中（我的意思是，按照他人定义的标准尽可能让自己变得神奇的竞赛），女孩们在追求一种不可能实现的存在方式。她们生活在一种持续的自我批评状态中，因为没有达到某种神话般的成就状态而痛责自己。不管做什么，她们都觉得自己能力不够。

自我关怀的许诺

"我们对待任何人几乎都没有像对待自己那么残忍。"克里斯汀·内夫（Kristin Neff）博士告诉我。这位得克萨斯大学奥斯汀分校的教授深明真相。在读研究生的最后一年中，她艰难地应对了一场混乱的离婚、一篇令人筋疲力尽的论文和无数次令人生畏的求职申请。绝望中的她非常憎恶自己，于是她报名参加了每周一次的禅修班。

在那里，内夫学习到"慈爱"（metta），即愿众生好，或是对他人表现出无私的爱和关怀。有一天，老师提出了一个简单的观点：如果你不能关怀自己，你就永远无法关怀他人。内夫知道老师说的就是她，于是她开始在自己的生活中探索如何实践自我关怀。

当时，内夫一直在研究自尊。然而，她对其价值持怀疑态度：她的同事发现，高度自尊与自恋有关，自恋包括自私、浮夸和渴望得到认可。它让一个人感觉很好，但它似乎需要通过比别人感觉更好才能获得。事实上，许多高自尊的人都需要感觉比别人好或比别人优越，仅仅是为了达到自我感觉良好的目的。

如何才能在不贬低别人的情况下让自己振作起来呢？她写

道,当我们需要感到"自己很特别、自己高于平均水平时才能有自我价值感"时,当"任何达不到这一要求的情况看起来都是一种失败"时,这就很成问题了。内夫预测,自我关怀可以提供更好的东西,即在不需要达到完美或优于他人的情况下免遭有害的自我批评的摧残。

在过去的十年里,内夫和她的同事看到了惊人的研究结果。自我关怀与幸福、乐观、动力和情商有关。一项对20多项研究的荟萃分析发现,这种做法使焦虑、抑郁、反刍思维和压力显著减少了。2011年,内夫出版了《自我关怀的力量》(*Self-Compassion: The Proven Power of Being Kind*)一书。㊀

我在自己的职业生涯中一直致力于将非常学术性的研究成果转化为面向成千上万女孩的原创课程。找到自我关怀就像是在挖掘石油时意外发现了间歇泉。我发现它立刻改变了女孩们理解自己的方式。这种做法改变了我的学生的人生,也改变了我自己的人生。

如果我必须把自我关怀的益处归结为一句话,我会说,它帮助我和我的学生明白,无论我们冒险的结果是什么,无论我们经历了什么挫折,我们都知道自己已经足够好。哪怕我们跌倒了,我们知道自己仍然是有价值的。我们认识到我们自身比成功或失败更为重要:我们的内心深处有一些东西超越了 GPA 或考试分数、减掉的体重数或跑步的英里数。我们不会在遭受挫折时丧失自我价值感。

2007年,马克·利里(Mark Leary)和他的同事在一项研究中发现,能自我关怀的人具有"较少的极端反应、较少的负面

㊀ 克里斯汀·内夫还著有《静观自我关怀:勇敢爱自己的51项练习》一书,由机械工业出版社于2020年9月出版。——编辑注

情绪，更能接纳他人的想法，更倾向于客观看待自己的问题"。自我关怀是缓和负面事件影响的强大工具。布朗写道，自我关怀所传递给你的信息是"你并不完美，你注定要奋斗，但你值得拥有爱和归属感"。

内夫发现，总体上来说，成年女性比男性缺乏自我关怀，不过差异很小。在过去的几年里，研究人员已经开始研究青少年身上的这种品质。在 2015 年对初中生和高中生进行的一项研究中，凯伦·布鲁思（Karen Bluth）证明，高中女生的自我关怀程度明显低于其他所有受调查青少年群体。2017 年，布鲁思扩大了她的研究范围。这次她发现，男孩的自我关怀程度在各个年龄段都保持不变，但岁数较大的女孩的自我关怀程度在初中和高中之间有所下降。在她的 765 名研究对象中，有近 40% 不是白人。

由伊莫根·马什（Imogen Marsh）领导的一项对 17 项青少年研究的未发表分析发现，自我关怀对心理痛苦有显著影响。不过，值得注意的是，随着青少年年龄的增长，无论男女，自我关怀的效果都有所下降。这一发现得到了布鲁思的回应，她写道，到了青春期晚期，高度焦虑的女孩"可能更难以相信'自我关怀信息'，即她们应该得到关爱"，而且有这种心理的并不仅仅是她们。

尽管如此，在对女孩的研究中，没有什么比自我关怀更能给人以希望了。布鲁思编写了一个名为"与自己交朋友"的课程，完成该课程的高中生比对照组的高中生表现出更强的适应力、社交联系能力和更高的生活满意度。我猜测自我关怀或许可以帮助女孩们承担更多的合理风险，于是我让布鲁思把这个问题纳入她的研究。学会自我关怀后，她的学生不仅在上课期间表现出更强的好奇心和探索欲，而且在课程结束后，随着时间的推移，她们的报告也显示这些特质提升到了更高的水平。在瓦萨学院的米歇尔·图加德（Michele Tugade）和阿比·希勒（Abbi Hiller）对300多名高中女生进行的一项调查中，我发现了类似的结果：女生们的自我关怀程度越高，她们就越愿意去冒合理的风险。

顺便说一下，我以前从未想过我会为所谓的"自我关怀"这种东西著书立说，更不用说传授和实践它了。它正是那种我父亲喜欢称之为"胡扯"的新时代产物。对我的祖母来说，她移民过来，在一家食品店的肉类冷藏室工作，是个单身母亲，养活两个孩子，自我关怀似乎毫无用处。如果她今天还活着，她肯定会使用另一个词。就算是在五年前，我也可能对这个词翻白眼。我会说，自我关怀只是一个借口，是一个用来将错误合理化而不是承认错误的巧妙方式。

研究证明，事实并非如此。原谅自己的错误和保持很高的优秀标准其实是可以共存的。内夫和她的同事发现，会自我关怀的人和不自我关怀的人一样，都可能有很高的个人标准，只是当没达标时，前者不太会痛责自己罢了。与喜欢自我批评的同龄人相比，他们更重视个人成长。他们不太喜欢拖延，会制订具体的计划来实现自己的目标，在生活中也更能保持平衡。

更重要的是，自我关怀往往存在于那些拥有目标或内在学习动力的人身上（它是最好的动力，也是与身心健康及持久成功最密切相关的动力）。这很合乎情理。如果你不在失败时痛责自己，失败就远没有那么可怕了，你会更愿意去进行智力冒险，探索好奇心引导你前去的领域。自我关怀能激发你在生活中做出重要改变的欲望。学习而非表现的强烈欲望会让懂得自我关怀的人产生更强的动力，在面对失败时能更迅速地恢复，并且更乐于进行合理的冒险。

当懂得自我关怀的人失败时,他们不太可能产生羞耻感和无价值感。他们的自我效能感不会受到影响。内夫写道:"自我关怀远非自我放纵,它和真正的成就是齐头并进的。"

教女孩们自我关怀

自我关怀包括三个步骤:

1. 正念(mindfulness),即不加评判地观察自己的想法和感觉。
2. 善待自己(self-kindness),即对自己说友善的话。
3. 共通人性(common humanity),即思考那些与你有着相同经历的人。

很不可思议,自我关怀是一剂解决青少年心理问题的对症良药。

正念要求关注呼吸和当下,这有助于限制困扰年轻人的反刍思维。善待自己要求女孩们摆脱自我批评的束缚,而她们非常喜欢把自我批评当作一种激励手段。最后,布鲁思和她的同事写道,共通人性挑战了"个人寓言"——青少年的发展信念,即与其他人相比,她的困难是独一无二、史无前例的。

用你自己生活中的一段经历作为例子来帮助你的女儿发展自我关怀。这里有一个警告:不要在她面前表现出强烈的情绪或脆弱感,特别是当她不习惯看到你如此表现时。如果你用力太猛,就会让她很不舒服,她就会想中途跳车,逃之夭夭。选择一种能让她感到安全的方式去展示自我关怀,这样,她可以专注于学习,而不是感到尴尬。

我给学生们讲了我多年前经历过的一次特别艰难的分手。那段时间我被自我批评弄得心烦意乱。我摇摆不定，一会儿夸大其词——"很显然这意味着我有严重的问题，我注定要孤独终生"，一会儿又进行否认——"谁在乎！管他呢，我去和别人约会好了"。前者让我陷入悲伤和焦虑的旋涡，后者用愤怒让我振作起来，却无助于我治愈创伤。

在练习第一步（即正念）时，我必须全神贯注于我当下的感觉和想法，不做评判。我必须抛开所有戏剧性的预言，即我确信分手在我的人生宏大蓝图中意味着什么（很显然，我将孤独地死去），我相信现在我身上会发生什么事（非常非常焦虑），以及我认为这件事说明我是怎样一个人（很明显，我出问题了），等等。

正念对于那些容易否认或夸大问题的女孩来说尤其重要。虽然她们中的大多数人都知道否认并不是一种有效的应对方法，但是很多人认为夸大一个问题意味着你在乎它。我们必须指出，极度心烦意乱往往与应对问题这一初衷背道而驰。它会劫持你的思想和感情，让它们去预测最坏的情况。这将是灾难性的，会让你无法集中精力，更不用说去解决问题了。

在我停止夸大之后，我可以问自己一个问题：在这一刻，我真正的想法和感受是什么？当我聆听自己的想法时，我听到："这很痛苦，非常痛苦。我感觉悲伤和被拒绝。"

第二步是善待自己，即友好地对待自己。如果这让你想到"周六晚间直播"节目里的斯图亚特·斯莫利（就是那个站在镜子前面说"因为我足够好、足够聪明，而且真该死……人人都喜欢我"的家伙），我不会怪你的。不过，继续听我说。

让我倍感惊讶的是，女孩们要走出这一步竟然会那么艰难，她们竟很难为自己找到一个温柔的形容词。当一个接受我指导的女孩深陷困局时，我让她想象一下，如果她的好友或父母听到她这样自我批评，他们会如何回应她？他们会怎么说？我经常跟我的朋友达妮艾拉交流。对于我的情况，她会这样说："你已经为这段感情付出了最大的努力，你也对自己有了更多了解。"如果有朋友遇到了相同的情况，我也会这么告诉她，因为这是事实。

自我关怀的第三步，也是最后一步，是共通人性：与有过类似或更糟糕经历的人建立情感联系。这一步可以消除困扰许多青少年的毁灭性想法，即认为"只有我是这样"。为了践行共通人性，我告诉自己："我知道此刻我不是唯一一个心碎的人，我也不是世界上唯一的单身者。"我曾在谷歌上搜索"心碎建议"，结果发现它的搜索次数高达150万次。很显然，我并不孤单。除此之外，我提醒自己，女儿和我身体都很健康。这并不意味着我想告诉自己，我的情感微不足道。不过，这确实让我能比较客观地看待自己的痛苦。

培养你女儿的自我关怀能力的另一个方法是把这些步骤融入日常对话。例如，我可能会对我女儿说："我真的很失望，因为我今天没有实现我的目标（正念）。但我已经尽了最大努力，而且当时我手头还有其他一些需要抓紧处理的事情（善待自己）。"或者，我可能会说："我很难为情，菜谱没试验成功，晚餐的味道不太好（正念）。我发现我的朋友上周也犯了同样的错（共通人性）。我们看看还有别的什么可以吃。"通过展示应对困难的合理方法，你为女孩提供了一个至关重要的范本，她将在一生中以无数种方式使用它。如果她也能成为你自我关怀的受益者，她就更有可能将自我关怀坚持下去。

要想把消极的内心声音转化为友善的声音，跟心爱的人在一起做会容易许多，因为他们会回应你努力在自己内心培养的温柔信息。

通过练习正念，学会平静地说出自己的想法和感受，意味着要抛开夸张的心态，很多女孩在缺乏安全感时都会回归到这种心态中。正念恰恰相反，它可以让你与实际情况建立关联，而非你所害怕的情况或是你担心情况会变成什么样。它让坐在沙发上的你把痛苦放在身边，并正视痛苦。结果是你很快就会意识到你的烦恼不会吞噬你。你越是练习正念，就越容易接受真实的情感，而不是试图逃避它们。这可以帮助你进步和变得更强大。

如何解读我们所遭遇的挫折是一项技能，这部分技能是通过观察父母学习到的。如果在我们的成长过程中，父亲应对某次工作上失败的方式是每天晚上七点半就麻木地上床睡觉，或者母亲成天围着厨房转，会因为弄丢了一份购物清单而说自己是个大白痴，我们就会接收到一个清楚的信息，即一次错误就可能铸成大祸。如果我们想让女孩们停止将所有责任揽到自己身上，继而停止承担其中的某些责任，我们就必须和她们一同做出改变。

驳斥内心的批评者

女孩们常常认为她们做出的自我批评能够定义她们。她们不只接受自己最痛苦的想法，还全盘接受对自己的批评，把消极的甚至是虚妄的想法转变成她们所认为的关于自己的"个人真相"。这些女孩告诉我："因为我知道我不可能在这个班上（或学校里，或职场上）取得成功，所以这一定是真的。"

一些专家认为，要想平息内心的恶魔的咆哮，首先你必须面对它。莫尔敦促她的客户直面她们的自我批评，甚至将其拟人化，或将其转化为自己内心中活生生的东西，这样她们就可以给它们贴上标签并直接面对它们。莫尔写道：

你不是那个发出批评声音的人,而是那个觉知批评声音的人。你是那个对它感到困惑、沮丧或相信它的人。你是那个试图理解它、应对它并摆脱它的人……你的本质并非那个批评者。你的本质由你的抱负、你的内在智慧决定。那个批评者是一个闯入者,是一个碰巧在你的脑海中播放的声音,但它不是真正的你。

莫尔写道,把你内心的批评者看作一个独立的实体有助于你理解你内心的批评者只是你的"一部分",而不是你这个人。

凯尔西的内心批评者在她看到自己的第一次法学院入学考试(LSAT)得分时最为恶毒。"我伤心欲绝。"她告诉我。当时她坐在餐桌旁抽泣,母亲正试图安慰她。凯尔西是家中第一代大学生。当她手臂支在桌上、双手捂着脸时,她的思绪开始旋转。"你不够好,没资格上法学院。你自大到以为自己可以取得比上大学更高的成就,这就是你的下场。"

如果是几年前,我对凯尔西使用的策略将集中于说服她不要进行自我批评。我会告诉她,她有才华、有资格,注定会成就伟业。即使是那些能用行之有效的方法使人们感觉更好的认知行为治疗师,也会敦促凯尔西考虑如下事实证据:她的 GPA 很高,她是法律俱乐部的主席,她能在校园里直言不讳地发声,这些都使她成为一名优秀的法学院候选生。

但在拥有不安全感和自我挫败感的扭曲心态的情况下,事实已变得无关紧要。莫尔提出了一种不同的帮助方式,类似于直接走进野兽的肚子里。凯尔西需要给她内心发生的一切贴上标签,而不是转身逃开。"这是你内心的批评者的声音。"她的母亲可以说。贴标签可以让凯尔西知道,她的想法是有名字的,它们并不是她,而是她的一部分。贴标签可以让凯尔西知道,她的经历并非独一无二,其他人也有内心批评者。这可以让她安心,因为她不是唯一感受到这种痛苦的人，这将有助于她找到一种共通人性感，从而摆脱羞耻感带来的痛苦。

凯尔西的妈妈还可以帮助她理解自我批评的目的。进化心理学家认为，这是人类在数百万年前发展出来的一种适应机制，为的是防止自满心理，保护我们免受身体伤害。今天，自我批评也有类似的作用，我们仍然用它来保护自己不受我们所害怕的东西的伤害，只不过那个东西已经不是猛犸象了。

妈妈可以问凯尔西，为什么她内心的批评者会尖叫着让她放弃法学院的梦想？它是想保护她不受什么伤害？羞辱？失败？害怕无法与父母上过大学的学生融洽相处？莫尔建议我们问问内心的批评者它最害怕什么，并说出它的动机。然后我们可以回答："非常感谢你的意见，但是我已经解决了这一点。"

母亲不应该试图消灭凯尔西心中的有害声音，而是应该帮助她认识到这是众多将永远生活在她内心的声音之一。事实上，当我们告诉自己不要去想或感觉某事时，这几乎总是会起到相反的效果。

自我关怀并不会让不好的感觉完全消失，但的确会削弱它们。午夜时分，当人生有时似乎惨淡得令人难以忍受时，自我关怀能够让人平静下来。这种实践的真正益处或许在于这能改变人们的视角：当一个女孩能与他人的经历建立情感联系时，她就会开始明白，其他人也曾面临同样的情况，并从中走了出来。这可以给她一种希望感，让她感激自己所拥有的一切。同时，这也能减轻她的羞耻感。

直面艰难的挑战的意义不仅仅在于她在一个重大的、可怕的时刻做了什么。她在那一刻"之后"所做的一切，比如，当事情没有按计划发生时，同样重要。如果女孩在挫折面前不知道该如何与自己交流，如果错误让她们充满羞耻感、陷入过度思考并产生自我隔离的念头……那么，还有谁愿意费心去尝试变得勇敢呢？

这就是为什么我会在研讨班和课程结束时问学生一个问题。这个问题是特别针对那些早上五点半就开始用椭圆机进行锻炼的女性，那些午夜过后依然在宿舍里靠手机照明读书的女性，那些从八年级就开始上周日SAT预科班的高中三年级学生，以及正在喝当天第二瓶"5小时能量补充液"的大二学生。对于那些在无情的压力下苦苦挣扎，以求变成全能者和全才者的女孩，我有一个问题："为什么你已经足够好？"我每次对一群女孩进行培训时都会这样做，而每次我离开教室时，都会感到如鲠在喉。

我告诉学生们：我足够好，因为我是我女儿的母亲，因为我是一个充满关爱的朋友，因为我记得大家的生日。

在我最近的一期大学迎新课程中，一群非常紧张的18岁女孩回答了以下问题：

我足够好，因为……

"我有朋友，他们爱我。"

"我努力面对我所面临的挑战。"

"学习新事物使我的心中充满欢乐。"

"我会尽力而为。"

"我让我的家人感到骄傲。"

"我爱并且被爱。"

"我关心我所做的一切，以及我周围人的感受。"

我和我的学生一直在接触这些信息。这让我们找到了一口不为人知的勇气之井，让我们能够站起来、说出来、向前走、去冒险，因为我们是按照自认为有意义的方式去做的，并且知道我们值得尊敬，不管最终结果是什么。

ENOUGH
AS SHE IS
第 7 章

对完美的狂热崇拜与压力奥运会

> 我觉得所有人的期望都捆绑在我一个人身上,
> 我不知道我是怎么做到这一切的。
> ——佐伊,16 岁

21 世纪初,唐娜·利斯克(Donna Lisker)博士发现,在杜克大学的女大学生中出现了一种令人不安的趋势——女学生们正在经历"一种压力,(不仅)要在学业上获得成功,而且要身体健康、衣着时尚、发型完美,拥有正确的朋友群和正确的暑期工作,更不用说课后的派对和勾搭活动",而且一切都不能露出明显的努力痕迹。利斯克的一个学生称之为追求"毫不费力之完美"的欲望。

女孩的完美主义已经不是什么新闻了,但是杜克大学的女性倡议会(Women's Initiative)——当时担任主席的是纳内尔·O. 基奥汉(Nannerl O. Keohane)——正在见证一种新的变化:

完美主义2.0版,在这里,仅仅在学校里表现优异已经不够了。学生们说,现在,你必须兼顾所有方面,从外表到课外活动再到成绩,而且,用碧昂丝的话来说,要看上去像"你一醒来就已经是这样了"。就好像你不需要任何帮助和努力,就得到了亮丽的外表、绝佳的成绩、面面俱到的简历和精彩绝伦的社交生活。

如今,对毫不费力之完美的狂热崇拜在高中就已经全面流行,在男孩和女孩身上都可以看到这一点。社会学家萨穆斯·汗(Shamus Khan)指出,在圣保罗寄宿学校的学生中,"成就似乎是被动地'取得'的,就好像学生们自己什么都没做,或者做这个对他们来说并不太难"。一个女子高中的高三学生向我解释,它的操作方法是"要很努力,但不要让自己看上去很努力"。她的同学补充道:"就好像这对你来说很轻松,是水到渠成的事。"在纪律和成绩高于一切的学校里,学生们正日益被期望表现得好像他们并没有真的在努力。

"我给自己施加了很大压力,让自己看上去像是搞定了一切。"诺拉说。她今年19岁,来自俄克拉荷马州,目前就读于美国东北部一所大型公立大学。"我每天都锻炼,因为我不想有任何身体缺陷。在我的姐妹联谊会里,女孩们看起来很漂亮,而且让人觉得她们搞定了一切,即使事实并非如此。"

在这个世界上,太过努力被解读成你不酷,甚至能力不够的标志。这里面的逻辑是这样的:如果你非常担心失败,那你就一定不是很聪明。如果你必须花很大力气折腾发型,那你就一定不是很漂亮。如果你对自己的成绩非常紧张,那你就一定不是很自信。如果一个女孩因为人生中构成挑战的方方面面而太过不安,别人就会觉得不舒服。因为如果她的完美不是轻松获得的,就意味着你的完美可能也不是。

前几天吃午饭时,诺拉和其他姐妹联谊会的女孩一起取笑邻桌的一个女孩。那个女孩穿着露脐装和紧身牛仔裤,头发和妆容都十分完美,而且嗓门很大。"我们就说,她费了好大力气想引起别人的注意。看得出来,她对自己十分满意。"

诺拉和她的联谊会姐妹称这样的女孩为"努力尝试者",她们的做法(想要得到关注)和泰然自若的态度(她以为她是谁)会激怒同龄人。诺拉告诉我,人们很容易对那样的女孩"发火"。在另一所新英格兰高校的一个宿舍里,学生们把"最新鲜学生"奖颁给了一个有点儿过于努力想和所有人成为好朋友的人。

对毫不费力之完美的狂热崇拜不仅是同龄人文化中追求卓越这一倾向的某种令人不安的副产品,它还与贯穿在现代女性气质中的极微妙的炫耀方式不谋而合:看起来很棒,但表现得好像你并不太在乎或是不觉得自己做出了相应的努力。

事实上,女孩们太容易陷入毫不费力之完美的规则陷阱中:毫不费力之完美崇尚谦逊(让你的才能看起来像是你"自然而然"获得的)和自足(这一切都是你独自完成的,所以你不会因为寻求帮助而把别人惹得心烦意乱);毫不费力之完美崇尚纤瘦,而追求这一目标的女孩比例高得离奇;此外,毫不费力之完美在社交媒体上也非常有市场——通过不计其数的穿着比基尼的照片、令人难忘的深夜派对以及漂亮的度假背景加以兜售。女孩们占据了社交媒体的主导地位。

所有这些都价格不菲。正如伊丽莎白·阿姆斯特朗(Elizabeth Armstrong)和劳拉·汉密尔顿(Laura Hamilton)教授在《为派对买单》(*Paying for the Party*)一书中所写的(该书描述了一项关于某所中西部大学中不平等现象的研究),竞争在年轻女性中极为等级化:你需要有钱才能打扮得漂亮、出门玩以及吃得好。如果你有一份校园兼职或是得在家中照顾某人,你去健身房和做头发的时间就会少很多。姐妹联谊会招募新成员的过程往往是最公开的对毫不费力之完美者的选拔。作者在对其中一次招募活动的研究中发现:"未能展现出'可爱'的外表有效地淘汰了大多数不那么有特权的女性。"因为女性从不知道谁会被选中以及为什么,所以她们将自己落选视为个人失败,"而非基于社会阶层和其他特征的系统性分类"。

但是校园里也有很多女性在积极抵制对毫不费力之完美的狂热崇拜,尤其是那些未被充分代表的学生。当我问一些家中第一代大学生和有色人种学生如何让她们的奋斗"看上去很轻松"时,许多人似乎感到困惑。这些女性在成长过程中一直自豪地把奋斗当作一种目标和动力的源泉,她们认为假装它不存在是非常荒谬的。

毫不费力之完美是我们的文化对女孩的成长潜力怀有矛盾心理所产生的副产品。它延续了我在《好女孩的诅咒》一书中所描述的我们对女性权威所持的"是的,但"心态——社会告诉女孩,是的,要成功,但不要去谈它;是的,要坚强,但也要性感;是的,要自信,但要安静地做到这一点。毫不费力之完美将这些不可理喻的压力重新打造成了现代年轻女性的追求目标。

角色超载

对毫不费力之完美的追求让女孩们在努力达到一种永远遥不可及的成就标准时步履维艰。它破坏了女孩们的自信,使女孩们相互对立,并削弱了她们寻求支持的能力。换句话说,它使自我伤害成为自我赋权的先决条件。

毫不费力之完美要求女孩们在 24 小时内履行数量骇人的义

务。女孩们不仅要做很多工作,而且要做很多不同"类型"的工作。佐伊是一个扎着马尾辫、穿着紧身裤的高三学生,她每年参加三种体育运动,热衷于环境研究和户外活动。她和一群朋友一边坐着吃比萨,一边接受我的采访。她一口气列举出人们期待她每天完成的任务。

"你必须拿到完美的分数,你必须在所有的兴趣爱好上都表现出色。"佐伊说,她长长的腿交叉着搁在椅子上。

当你在做地球上的每一件事情时,你还必须保持强壮,还得苗条,有个大屁股,并且很性感。事情很复杂,你会感到一种压力,要求你当一个派对女孩并参与勾搭文化。可如果你勾搭得太频繁,你就是个荡妇;如果你有个稳定的男朋友,你就该觉得无聊。而且,学业和体育运动又该怎么办?

佐伊几乎没时间跟男朋友约会。因为错过了他的曲棍球比赛,所以她觉得自己是个"差劲的女友"。她的朋友也觉得被她忽视了,而且她也只是在"一路跑进门去吃饭的时候"才能见到自己的家人。佐伊并不沮丧,也不焦虑,更不觉得痛苦,事实上,一切恰恰相反。她告诉我们:我认为我总体上是一个乐观的人,我性格开朗。但如果我的情绪不是这么稳定,我想我会无法应付这一切。我觉得所有人的期望都捆绑在我一个人身上,我不知道我是怎么做到这一切的。"这时,她的手机突然响了起来。

"我得走了,"她突然说,"回家前我还得帮妈妈买牛奶。"

这就是"角色超载"在发挥作用。正如利斯克所说:"毫不费力之完美将'极客'⊖式的大脑和'金发傻妞'式的美丽结合起

⊖ "极客"是美国俚语 Geek 的音译,表示智力超群。——译者注

来，并告诉女性必须两者兼得。"这种不协调会消耗个人的能力。2014 年，美国心理学会报告称，在所有美国群体中，青春期女孩的睡眠时间最少，这绝非巧合。睡眠不足与青少年的行为和心理健康问题有关，包括抑郁、焦虑、风险承受能力和精神脆弱。

20 世纪 90 年代，我会穿着毛衣出现在大学课堂上。今天，那种"刚从床上爬下来"般的外表已经跟投影仪一样一去不复返了。在安娜就读的波士顿某所大学的课堂上，不成文的规定就是得精心打扮。运动服是唯一的例外，所以学生们都穿着运动服去上课，即使他们并没有去健身房，这只是为了应付着装规范。安娜的一个朋友透露，如果她对自己有不好的感觉，她就会去街上的杂货店转转，以便"回忆起校园外的人们的模样"。

安娜告诉我，周末意味着"要做一大堆与平时的工作完全不同的工作"。在图书馆里待了一天之后，她解释说，"你得弄清楚自己打算去哪里，得和别人一起制订娱乐计划，你得时刻准备好参加派对，然后你得熬夜熬到很晚。"去哪里？和谁一起去？做些什么？大家在焦虑地争论，表现出严重的"错失恐惧症"（Fear of Missing Out，FOMO），即害怕错过"正确"的周末体验。

待在家里看电影是绝对不可以的。安娜对我说："你在周末的活动得照着某种剧本进行。你'应该'去从事一系列活动，以达到我们'应该'成为的那种人的标准。到了周一，你则'应该'在课堂上表现得很优秀。"周末，表面上看是减压时间，实则跟工作日一样充满了各种"应该"做的事。

更有甚者需要完成的工作量达到了惊人的程度。19 岁的凯拉是一所公立大学荣誉学院的学生，她告诉我："我一直在想我今后要做什么，下个月要做什么，我必须做什么，以及我为什么必须去做它。我的脑子一刻都不会停下来。"

凯拉有一头棕色的长发，戴着一副眼镜。当她说话的时候，显得严肃而警觉。她在班级里的排名一直是第 14 名，她非常想进入前 10 名。她尖锐地告诉我，她妈妈以前是第 9 名。她向我吐露心声说，她很难让自己关注当下，因为地平线上不断出现的下一项任务总是困扰着她。"我甚至会在写一篇论文时思考下一篇要写的论文和下一步要学习的东西。"她说，"我就像一只轮子上的仓鼠，永远停不下来。"

当我和母亲们谈论她们的女儿是否渴望毫不费力之完美时，她们立刻表示肯定。母亲们对于扮演数量惊人的角色所带来的压力并不陌生：养育者、管教者、养家糊口者、管家，外加日程协调员。如果她们家境富裕，她们还会被期望身材苗条，穿着很有竞争力，定期在社交媒体上发帖。母亲被称为孩子的"主要社会化媒介"，换句话说，女孩们正在记录母亲们的一言一行。

但是，很少有人讨论这些。在 2016 年对 1200 多名大学生（其中 3/4 是女性）进行的一项研究中，追求毫不费力之完美的学生觉得自己与同龄人的隔阂更深。研究人员写道，保持看起来轻松需要进行极端的"自我隐瞒"。你不能抱怨某件事有多难，也不能寻求支持。你必须绝口不提不安全感和恐惧感。

利斯克在对杜克大学的本科生进行访谈时让她们打破了沉默。她发现，当女孩们努力追求毫不费力之完美时，她们会出现两种担忧：首先是担心她们无法保持完美，其次是担心有人比她们更不费力就变得完美。无休止地追求更多，更多，更多，是一个没有解决之道的残酷循环：无论女孩们有多瘦或多聪明，她们还是会羡慕同龄人更平坦的小腹和更多的 A。

"这里的每个人都远比我聪明、优秀、成功、勤奋，我讨厌这样，也讨厌自己，因为我永远都比不上她们。"一个很典型的匿名者在一所精英大学的"忏悔"网站上这样写道。毫不费力之完美是不存在的,是一颗永远无法品尝的胜利果实。它只会让女孩们始终有一种自我不足感。

安娜告诉我:"我花了那么多精力,担忧自己为什么周末不出去玩。我会想,别人都在做这件事,而我却没有做,我到底出了什么问题?这个(思考)过程本身从本质上来说就是一种工作。"她在大一时花了很多时间,耗费了大量的情感能量来应对这种焦虑情绪。"我觉得我是唯一一个没有在做正确的事或者很酷的事的人。"

于是有很多人把酒精当成了逃生舱。对女孩们来说,喝酒可以平息自我评判的喧嚣,让她们摆脱压力。莎拉·赫波拉(Sarah Hepola)在她极具感染力的回忆录《晕厥:回忆我靠喝酒忘却的事情》(*Blackout: Remembering the Things I Drank to Forget*)中写道:"我们需要用酒来阻挡自己那像手提钻一样吵闹的完美主义喧嚣,并释放我们内心的秘密。酒精很有帮助。哦,天呐,它的确很有帮助。在空啤酒罐筑成的堡垒后面,我不会受到恐惧和评判的攻击。酒精使我的臀部放松,撬开了我紧握的双拳。在多年紧张地遮遮掩掩的生活之后,这种自由的感觉简直不可思议。"酒能够提供有效的释放:它可以飞快地一饮而尽,很容易渗入日程表安排过满的生活中。

酒精还能迅速缓解让女孩们备受困扰的角色冲突问题。如果说对女性气质的定义压抑了女孩最真实的想法,那么酒精则可以释放这些想法,还有她最狂野的冲动。赫波拉写道:

酒让我可以随心所欲地做我想做的事。我生命中的大部分时间都是一个无休止的循环:"你想去哪里吃饭?""不知道,你想去哪里吃饭?"可如果我给自己灌一些那种燃料,我就会变得畅所欲言。"我现在想吃玉米卷。""我现在想抽烟。""我现在想见马蒂奥。"

打破好女孩的枷锁非常令人兴奋。赫波拉写道:"能在这个世界上横冲直撞是多么令人兴奋,永远不为自己在这个世界上的位置道歉,而是要求别人出示驾照和行驶证。"。

至于饮酒的原因,再没有什么比勾搭文化更强大或更受欢迎了,因为勾搭文化会引发最尖锐的角色冲突。它要求女孩们表现出一反常态的胆量,进行没有任何附加条件的性接触,同时又要遵守约束着她们生活中其他方面的自我控制规则。酒精能极大地缓解压力。正如佩吉·奥伦斯坦(Peggy Orenstein)在《女孩与性》(Girls & Sex)一书中所写的那样,饮酒让女孩们"获得了性许可证,放松了压抑,同时也麻醉了亲密感、尴尬感或责任感"。

但酒精也会让它试图缓解的压力暴露出来。"我清醒的时候遮遮掩掩,酩酊大醉时却把衣服脱个精光,这意味着什么?"赫波拉问道,"我喜欢我的室友,可是七杯酒下肚我就对她大发雷霆,这又意味着什么?"

苏妮亚·卢瑟和她的同事在去年发表的研究结果记录了在成绩优异的群体中,尤其是在女孩中,经常酗酒和使用大麻的情况。研究人员对两组家境富裕的新英格兰青年进行了为期十年的跟踪调查。在对小组的最终评估中,当被试已经 26 岁时,女性被诊断为药物或酒精成瘾的比率是全美比率的三倍(男性确诊率是全美比率的两倍)。总的来说,这个人群对可卡因和兴奋剂的使用量达到对照样本的两倍之高。

不过,也有一些值得注意的好消息。这项研究表明,当父母对青少年的药物及酒精使用采取一种严格(但不是严酷)的政策时,即聚焦双方一致同意的规则并始终贯彻执行这些规则,青年人对这些东西的使用量会明显较低。

完美的女孩，不完美的友谊

自我隐瞒和不安全感是女孩人际关系中的毒药。诺拉是一所大型公立大学的大一学生，她是女生联谊会的一员，她经常拿自己跟最好的朋友，也就是她的室友进行比较。她对我说："我们一直在互相竞争，只是没有说出口。"在健身房里，她们努力比对方做更多的举重动作，垫上运动也要做得更好。当她的朋友抱怨自己的外表时，诺拉简直要气疯了。"我对她很生气。"她告诉我。在诺拉抱怨的同时，她的朋友也很生气。她们的宿舍因此陷入一片寂静，不安全感很快转化成竞争和怨恨。

1986年，心理学家凯瑟琳·斯坦纳-阿代尔（Catherine Steiner-Adair）写道，高成就的年轻女性会"不断地将自己的体型与他人进行比较，憎恨'瘦得可恶'的女性，除非她们因后者饮食失调将其归为不正常人群"。近20年后，杜克大学女生联谊会的一个成员向利斯克透露，当她看到一个患厌食症的同龄人时，会同时产生一种"嫉妒感和优越感"。

那种感觉差不多就是——哦，谢天谢地，她有进食障碍，所以，她不完美……有时候你会进行合理化思维，比如，当你经过一个瘦得可恶的人时，你甚至不知道她是谁……你会听到人们说"哦，天哪，她太厌食了……"其实你并不在乎她厌食，你的想法其实是：她让我显得很胖，所以她是有问题的。

我不确定哪一种情况更令人担忧：不安全感让女孩们无法互相支持，或是厌食女孩的出现会"让我显得很胖"。

人们常说，摆脱嫉妒感最好的方法就是承认它，但承认嫉妒对女孩来说并不容易，因为这违背了她们从小就被教育要遵循的准则：好女孩应该慷慨大度，而不是贪图别人的东西；她们应该庆祝同龄人的成功，而不是觉得受到同龄人的威胁。而且，在这个崇尚毫不费力之完美的国度里，嫉妒会让你显得太在意某件事，而你恰恰应该让这件事看起来很容易。

女孩们转而将自己的感觉内在化。在一位深受喜爱的高三学生获得一所著名大学的奖学金后，驻校心理学家玛丽莎·拉杜卡·克兰德尔（Marisa LaDuca Crandall）在办公室里分别见了获奖者的两个朋友。"她太棒了，我太爱她了。"其中一个对她说，"但我怎么就没那么好呢？我本该更努力些的。"克兰德尔温柔地提出，感到嫉妒是情有可原的，毕竟这个女孩取得了一项非同寻常的成就。"我不是说她不配获得奖学金，"另一个女孩说，"这完全是她应得的。"

"她们无法承认自己有多么想要它。"克兰德尔告诉我，"因为这不是一个好女孩应该有的想法。她们把这种想法变成了'我是一个糟糕的人，我永远也上不了大学，我这个人有问题'。"如果说抑郁是指向内心的愤怒，那么这就是女孩们强忍嫉妒的结果。"女孩们用它来打击自己，用它来斥责自己，令人目不忍睹。"克兰德尔说。女孩们打击自己，进而彼此攻击，她们不会把她们的愤怒指向那种从一开始就让她们互相对立的文化。

在艾玛·克莱恩（Emma Cline）的小说《女孩们》（The Girls）中，十几岁的埃维开始悄悄地和好朋友康妮竞争。她很快就对康妮感到憎恶不已："我记得我第一次注意到她的嗓门有多大，她的声音愚蠢又咄咄逼人。"克莱恩写道："当我开始注意到这些事情并开始像男孩那样给她的缺点分类时，我们之间就出现了隔阂。现在我后悔我当时那么不友善，就好像跟她保持距离我就能治好自己同样的毛病似的。"

听到不堪重负的女孩们因为有害的文化信息而责备自己，简直太令人沮丧了。她们把压力轻描淡写地说成"世界本来就是这样的",她们责怪自己"太完美主义了"。布伦内·布朗写道,这种自我责怪的倾向造成了完美主义泛滥。"我们不去质疑完美主义的错误逻辑,"她写道,"而是更坚定地追求正确的外表和做事方式。"我们质疑自己,而不是制度。

用社会学家雪莉·特克尔(Sherry Turkle)的话来说,这些女孩中有太多人是"在人群中独处":她们越是在他人面前戴上假面具,就越觉得自己是孤单的,哪怕身边到处都是想帮助她们的成年人和同龄人。值得注意的是,在 2016 年关于毫不费力之完美的研究中,学生们告诉研究人员,她们认为自己的社交支持水平较低。

这些女孩的孤立特别令人关注,因为人际关系对女孩的适应力来说具有独一无二的重要性。2017 年的"女孩指数"显示,有 1/3 的高中女生报告称每周有四天以上的时间感到悲伤或沮丧。那些说自己和其他女孩相处融洽并且信任其他女孩的女孩,她们的悲伤和抑郁程度最低。人际关系起着关键性的支持作用,它给了女孩们指导、情感力量、自我表露和自我确认的机会。它还保护女孩们免受抑郁、孤独和自卑等问题的困扰。

在我为撰写此书展开研究之前,我一直认为压力是一种个人疾病,我担心压力会影响女孩的睡眠、饮食和感受,但我很快意识到压力也同样在侵蚀她的人际关系。

压力文化的新规则

女孩们会认真遵守五条不成文的规则,以管理自己面临的压力并与他人建立联系。这些规则让她们看上去很忙,却坚不可摧，这就使她们无法在最需要的时候与他人建立起密切、有滋养性的情感联系。

1. 应接不暇是新常态。如果你不是经常忙于学习或参加会议，那么你本人、你的日程安排或是你的职业道德肯定有问题。持续忙碌的兴起意味着女孩们出去闲逛和联络感情的时间比以前少多了。正如一个大二学生告诉我的："我不能闲着。如果我什么都不做，我就会觉得自己在犯错误。"

2. 压力被等同于价值和生产力。你的压力越大，你就一定越成功。正如21岁的尼科尔告诉我的："我喜欢做一个总是很忙的人。我想让人们注意到这一点。我把自己定义为一个不断工作的人。当有人走过时，他们会想'她是怎么做到这一切的'。"按照这个逻辑，参加社交活动是懒惰的一种形式。

3. 如果你很快乐，那一定意味着你不够努力。如果痛苦被等同于价值，那么快乐就是一种自私的追求。正如一个学生告诉我的："如果我有一个业余爱好，我就会觉得这对不起我上的大学。"

4. 不要和同龄人分享你的好消息。千万不要让自己听起来像在自吹自擂，这可能会让你的同龄人感觉不好。正如一个大学生告诉我的那样："我觉得，如果我说自己做得很好，那我听上去必定像个混蛋。有时候，当我和别人在一起时，我觉得必须把自己的情绪下调几级。"她的话让我想起了贝蒂·米德勒（Bette Midler）关于自己的职业生涯所说的一句话："成功最让人痛苦的地方就是你很难找到一个会为你高兴的人。"

5. 不要让自己的压力给同龄人造成压力，因为那样他们可能会被压垮。拖累别人的做法是绝对不允许的。一个大学生曾无意中听到一个同学对她的实验室伙伴说："今天不要跟我提你那些倒霉事。今天是我这辈子最糟糕的一天。"

上述心态可以总结如下：你的工作比什么都重要；不要太高兴，也不要太悲伤，否则你的友谊将为此付出代价；如果你高兴，说明你不够努力；如果你现在不忙，说明你基本上是个懒虫。这些规则会直接破坏那些本可以帮助女孩们渡过人生难关的人际关系，它们甚至使最基本的自我关爱，比如睡觉、洗澡和打扫房间等，都变成了难以开脱的错误。

压力奥运会

在全美国的高中和大学里，一种秘密竞赛正在走廊、图书馆和短信里进行着。"压力奥运会"是一种竞争性抱怨：在马拉松式的学习、工作中，你睡得有多少或者吃得有多少，以及你比所有人多做了多少功课。它听起来是这样的：

学生1："呃，我太累了，我昨晚只睡了5个小时，因为上午9点要交一篇论文，而我是凌晨2点才开始写的。"

学生2："我也是，唉，我只睡了3个小时，而且今天早上6点我还参加了越野训练。"

学生3："我明天要交3篇论文？我才开始写第一篇？接下来的24小时我得靠咖啡续命了。"

哥伦比亚大学的学生博客发布了一张"压力奥运会宾果游戏"卡，上面的选项包括："我的8门期末考试都在上午9点举行""我在水瓶里小便以节省时间""我一连好几天除'5小时能量棒'外什么都没吃"。

压力奥运会是对精神和身体抗压力的考验，也是对凭一己之力成功的考验。"像'我昨晚只睡了 4 个小时'这样的话,他们说的时候带着自豪感而不是遗憾。"约翰斯·霍普金斯大学的大三学生卡罗琳·范德雷(Caroline Vanderlee)在学生报上写道。压力奥运会的参赛选手对自我关爱嗤之以鼻,而且他们的鼻子里满是咖啡因。19 岁的安娜告诉我:"我没有从中得到太多,但我仍然有这种病态的、扭曲的自豪感,仅仅因为我正在做这些事情。"

乍一看,压力奥运会似乎是一种无辜的,出于"地堡心态"⊖(bunker mentality)而进行的情感交流,但这种套路充其量只是提供了一种虚假的欢悦和友好。这种谈话不会以同情、拥抱或互相支持结束。它的目的不是倾听或理解同龄人的痛苦。压力奥运会的本质是在同龄人比惨大赛中胜人一筹。"压力最大"的那个人总是会让其他人感觉自己压力不够大或工作不够努力。

当然,压力奥运会的参赛选手在工作中很难做到毫不费力。然而,他们似乎能用很冷酷的方式管理自己的压力,哪怕最后期限近在咫尺。压力奥运会明令禁止表现脆弱和寻求帮助。范德雷写道:"那些要应付两门考试和一篇第二天就要上交的论文的学生会夸耀眼前地狱般的任务给自己带来了多大压力,而不是给老师发邮件要求延期以便减轻工作量。"如果你凌晨两点开始写论文,九点上交论文,你会显得很淡定。你看起来肯定不像一个月前就开始写论文的"焦虑的安妮"。如果她要花那么多时间和精力去完成一件事,那这件事对她来说一定很难。

压力奥运会标志着我们的文化对忙碌状态的持续崇拜。研究人员发现,人们用来谈论自己生活的语言发生了变化,从 Twitter 到假日明信片,在所有地方,"疯狂的日程安排"或"我没有个人

⊖ 指因为受到反复攻击而产生的防御心理。——译者注

生活"这些话的使用频率都在骤增。过去以富人的悠闲生活为特色的广告，现在已经被过度劳累和缺乏休闲的形象所取代。

2016年，哥伦比亚大学、乔治敦大学和哈佛大学的研究人员发现，暗示自己很忙会让别人认为你地位很高。作家西尔维娅·贝莱扎（Silvia Bellezza）在接受记者采访时说，忙碌的"言下之意就是'我非常重要，我的人力资本备受追捧，这也正是我如此忙碌的原因'"。值得注意的是，只有美国人才有这种感觉。意大利人的感觉恰恰相反，他们说，悠闲才能让你显得酷。

谈论压力奥运会，甚至给它起个名字，都有利于改变学生之间的交流方式。在史密斯学院，学生们正在抛弃竞赛，重塑彼此间的对话。在我的研讨班里，我们会实践三种积极倾听的策略，而不是把话题转回到自己身上。我们会对说话者表示同情，说出自己对所听到内容的理解，或者提一个问题。

当一个同龄人说"我明天要交两份论文并参加一场考试"时，同情的反应是对他说"你的压力一定很大"，对这句话的理解是"听起来你现在手头有很多事情要做"，提出的问题是"我能为你做点什么吗"或者"你想在晚些时候休息一下吗"。当一个同龄人宣称他睡得很少或者说他明天要交多少篇论文时，新的回应是一句鼓励的话："你能行的""你会完成得很棒的""我知道你能完成"。或者表达一点同情："你明天有14门考试吗？伙计，我太为你难过了"，或者"这真的太难了"。还可以表示支持："你想找人聊聊这件事吗？"

我们在史密斯学院举办了几个晚上的压力奥运会宾果游戏，然后我们给学生们发了冬季帽子和临时文身，上面写着"退役压力奥运会选手"。现在，学生们告诉我，当她们听到别人在进行压力竞赛时，她们会明白这是压力竞赛，她们会试着退出。

她们还必须改变自己内心的固有观念，以及她们对同龄人的看法。压力奥运会是由扭曲的恐惧驱动的，恐惧自己无法跟上同龄人。当你环顾四周，发现每个人都在以自己的方式艰难跋涉时，停止竞争就变得容易多了。

菲比直到大四时才认识到这一点。"好吧，你不是唯一一个还没有找到工作的人。你不是唯一一个压力很大、几乎停滞不前的人。"她接着说：" 这并不意味着我要流落街头了，这也不是世界末日。难道那些爱我的人会停止爱我吗？我有太多不理智的想法。去参加考试时，我会说我会不及格，或者这门课我通不过，或者我会无法毕业或找到工作，但事情总是会取得进展的。"

淡定的女孩不需要帮助

毫不费力之完美不仅在于要看起来很有能力，而且要看起来很乐在其中。2016年，高中女生告诉研究人员，她们感受到压力，因为不仅要对每个人都很友好，而且要对每一项活动都充满热情，这样才能脱颖而出。在大学里，男性和女性都谈到了他们在上下课时看到的那种坚不可摧的、凝固在脸上的微笑。这一现象在美国各地的校园里有各种昵称：在斯坦福大学，它被称为"鸭子综合征"——鸭子优雅地滑过水面，但大家看不到它们的脚掌在水下疯狂地划动；宾夕法尼亚大学称之为"宾校脸"；波士顿学院称之为"完美BC"。[一]

最近，"淡定女孩"这一人格面具正在兴起。卫斯理大学的学生卡米拉·雷卡尔德（Camila Recalde）在毕业论文中写道，要

[一] BC为波士顿学院（Boston College）的英文缩写。——译者注

想保持淡定，就得在性接触方面做到"随和、独立、快乐、无所谓"。在勾搭文化中有一条不成文的规定，即不设附加条件；在性接触方面，淡定"是一种和蔼可亲却又漠不在意的状态"，以免被认为是疯狂的或不受欢迎的。雷卡尔德称淡定状态体现了"一个人的刀枪不入"，在这里，衡量成功的标准是你能在多大程度上压抑情感、表现得体，无论你采取什么手段。

淡定文化是日程安排过满的一代人制造出来的，他们很难为人际关系腾出时间。淡定指拥有一种未定义的"关系"，这种关系只在此刻有意义，并且你对另一个人不负有义务。

淡定能消除源自精神联系的情感和责任感。它创造出互不依赖的亲密关系和无义务的分享。

除了性方面令人注目的表现外，淡定女孩本身也很有趣。她是"男人的宠儿"；她大吃墨西哥卷，却不用担心发胖；看上去又瘦又健美，却从不去健身房。吉莉安·弗林（Gillian Flynn）在她的畅销书《消失的女孩》（*Gone Girl*）中是这样描写自己的："一个火辣、聪明、有趣的女人，酷爱橄榄球、扑克、低俗玩笑和打嗝，玩电子游戏，喝廉价啤酒。"女孩们将奥斯卡影后詹妮弗·劳伦斯（Jennifer Lawrence）神化为最淡定的女孩。她拒绝为扮演一个角色而节食，讨厌健身，却长期嗜食墨西哥玉米片。她不仅完美得毫不费力，而且淡定得毫不费力。

这一新的原型表面看起来会很吸引女权主义者，但这里存在着一种令人不安的性别歧视。淡定女孩会压制"不得体的"（其实是"锐意进取的"）观点和情感。女孩们有时会说"我跟其他女孩不一样"，以此来表达她们的淡定。雷卡尔德写道，不淡定意味着"满怀关爱的、高度固执己见的、愤怒的、困顿的和脆弱的"。事实上，新出现的淡定女孩可能在外表上与顺从型"好女孩"一模一样。

不管你怎么称呼它，总之，隐藏自身脆弱性的压力迫使女孩们藏匿自己最强大的情感并与之脱节。我在 2015 年与瓦萨学院一同对高中女生进行的调查中发现，符合完美主义标准的女生更可能声称自己在寻求支持方面有困难。那些不寻求帮助的学生会说，她们更喜欢"隐藏自己的情感"，"表现得好像一切都在掌控之中"，或者"试着自己解决问题"。

许多女孩都表示害怕别人会因为她们需要帮助而评判她们。这大多时候是女孩的内心批判者的声音。"我不想成为别人的负担。"22 岁的玛吉告诉我。

"感觉就是，我理应知道怎么做，我觉得自己很蠢。我把对自己的所有评判都投射到别人身上，投射到别人对我的看法上。我担心自己是不是要求太多了？我最多能问几个问题而不会被视为愚蠢或是爱占别人便宜？至少对我来说，这是因为我缺乏自我价值感。我会想，好吧，我很抱歉，我不想浪费你的时间。可以说，我认为我的时间没有其他人的时间重要。"

羞耻感主导着玛吉的推理过程。她会因为需要帮助而自责，所以她不太可能寻求帮助。她不仅认为自己的艰难挣扎不配获得支持，而且还认为自己的存在是没有价值的。基于这个原因，现在我会问女孩们："你确定别人会因为你需要帮助而评判你吗？有没有可能是你在因为自己需要帮助评判自己？"

寻求支持的前提是你相信自己有权利在身处困境时找人帮助你脱困。有时候，那个人必须是你自己。但是，在这个女孩们觉得自己怎么做都不够好的世界中，自我关爱这种维持自己身心健康的做法正在迅速消失。压力文化已经把自我关爱从一种权利降格成一种特权，这种特权只有在你做了足够多的工作后才能得到。

一个 20 岁的大学生告诉我:"我昨天就应该完成我的作业了,但我没有完成。所以现在我不配洗澡,直到考试结束。"

她的室友们点头表示同意。"这是一个恶性循环。"其中一个室友说,"我需要睡觉,这样我才能做得更好,但我没有时间睡觉,所以我无法做得更好。"这些学生把最基本的自我关爱变成了奢侈品。其中一个提到她花了多长时间梳头。"我花了 30 分钟梳头,因为我已经有很长时间没梳头了。你可以在那 30 分钟里做作业。"她们就是不能允许自己放松。

当然,在工作日的某个时候,她们会遇到困难,但许多人会坚持下去,拒绝离开房间或图书馆。"你觉得你应该出去做些有趣的事情,可你又觉得你应该学习,但是你压力太大了,无法学习,可你也不会出去。""就像待在炼狱里?"我问。姑娘们点点头。

听到这么多年轻女性告诉我她们"不配"获得自我关爱,我很心碎。自我关爱不是一种特权。自我关爱从来不应该是一种可选项。你不必"被批准"打扫你的房间、打盹儿、洗澡、散步或是打电话给朋友。你做这些事情是因为这么做你的身心才能茁壮成长。你每天做这些是为了自尊自爱。一定要让你女儿知道这一点。无论何时何地,只要可以,你一定要带头去做。

寻求支持的能力就像一块肌肉,当女孩失去锻炼机会,它就会萎缩。有些女孩从来没有过这种能力。一所女子学院的教导主任告诉我:"总是有人在替她们求助。我们发现,我们的大多数学生尚未有机会在不依靠父母的支持的情况下向别人求助。"那些热情地公开支持自己女儿的父母可能没有意识到,他们忽视了教导女儿如何公开提出自己的主张。

并非所有女孩都是这样:有些女孩经常寻求帮助,而且常常是为了解决她们本该有办法自己解决的问题。教育工作者把这描述为"习得性无助"(learned helplessness),即女孩们去寻求支持更多是为了获得个人认可或提高自己的自尊,而不是为了获得她们实现目标所需的资源。

不好也没关系

说自己感到孤独的青少年数量之多前所未有。最令人痛心的是,有很多人把自己的孤独看作个人失败。这并不让我感到惊讶,因为女孩的社会地位是由其拥有的朋友的数量决定的,她们必须有一大群朋友才能在少女时代的竞赛中胜出。现在,按照时尚要求,你得加入一个"群",用网上的话来说,"朋友群"。

让你的女儿记住,每个人有时都会感到孤独,包括那些她认为不可能感到孤独的人。一些大学校园里最受欢迎的人,包括学生会主席和宿舍长,都会向我倾诉,她们感到孤独。每个人都会孤独。关键不在于要永远都不感到孤独,而是要知道当感到孤独时她需要什么。一个难以理解的事实是,有时我们需要感到孤独,因为它可能是一个信号,告诉我们有什么地方出问题了,这可以帮助我们改善自己的生活。

孤独不是她的错。提醒她,是目前正在运作的体制在全美国引发了一场静悄悄的孤立流行病——智能手机使用的惊人增长使更多年轻人保持在线状态,他们比以往任何时候都缺乏与他人的联系。这种体制也带来了忙碌不停导致的压力,以及学生们认为完成再多功课都不够的感觉。

告诉你的女儿要抵制这种体制,而不是去修复自己。鼓励她以批判的眼光看待大学申请产业综合体以及对毫不费力之完美的狂热崇拜,这两者都把外出休闲视为偷懒行为,而不是旨在恢复精力的行为。促使她认同自我关爱的权利,并且肯定与朋友建立实时、丰富的线下联系的重要性。问问她这个周末打算做什么,鼓励她走出去。

最重要的是,让她不要在感到孤独的时候保持沉默。孤独会在秘密状态中茁壮成长,羞耻感会紧随其后。羞耻感会加剧她的孤独感,并掏空她改善人生的动力。当我们任由自己害怕的东西浮上来,并与他人分享时,我们就大大削弱了它的力量。我们会发现其他人也有同样的感觉。敦促她把自己的感受告诉别人,任何人都行。哪怕仅仅是写下来也会有帮助。

整天保持忙碌状态并不会让她减轻寂寞。学生们会感到孤独,部分原因在于她们太害怕放下笔记本电脑或走出图书馆。她们确信"每个人都比我更努力"以及"我不能停下来"。这两种错误想法都增强了她们的孤独。只有当她们停下来,出去散个步,或打电话给朋友时,孤独感才会开始减轻。

当一个女孩寻求支持时,她会变得更加聪明和勇敢。她可以严阵以待,并欢迎来自他人的鼓励,这将有助于她直面自己的恐惧。我总是告诉我的学生,她们能对自己说出的最糟糕的五个字莫过于"只有我这样……",因为这几乎从来都不是真的。他人的支持会给她有血有肉的证据,表明她并不孤单:如果她遇到不顺心的事情,会有活生生的人为她排忧解难,给她买薄荷碎巧克力冰激凌。这可以为她提供一个有别于她本人的视角,照亮某个她没意识到的盲点。

在参加了我的勇气训练营之后,格蕾丝决定在她要收到第一志愿大学回复的那天寻求帮助。她向学校的一位顾问以及她的朋友们说明此事,并提出一个明确的要求:"如果我被录取,那就太棒了;如果没有,我需要你们支持我渡过难关,告诉我这没什么。"

结果她被自己的理想大学拒绝了。格蕾丝很伤心，但是她提前建立的支持系统改变了游戏的走向。她告诉我："在那之前，我会读大学给我的回复，然后崩溃，沉浸在泪水中。我会自轻自贱，对自己说'你不够好，所以他们会对你说不。如果你说过这些或做过那些，你就会被录取'。"现在，通过有意识地选择，格蕾丝避开了有时会因独自面对失败而感到的羞耻感。她能够向自己信任的人说真心话，尽管遭受了挫折，却仍然能感受到尊重和关爱。

在我的研讨班上，我经常让女孩们告诉我，如果让她们开车几个小时送一位苦恼的朋友去见她的父母，她们会怎么做。几乎所有女孩都说，是的，她们会开车送朋友，因为，"她需要我""朋友之间就应该这样"。

当我把问题反过来，问她们是否愿意为自己向朋友提出同样的请求时，她们陷入了沉默。"我不想依赖别人。"她们通常会说。

"或者麻烦别人。"

"或者强迫别人。"

这些女孩中的许多人几乎愿意为朋友做任何事，但如果让她们对别人提出哪怕是很小的要求，她们都会畏缩不前。部分原因在于她们接受的教育是，好女孩只会付出。有些女孩不肯寻求帮助则是因为觉得自己不配接受帮助。

贾利丝是一名儿童心理学专业的学生，就读于一所规模不大、大多学生走读的女校。她在一家日间治疗中心实习，在一家律师事务所工作挣学费，是踏步舞队队长，还在她的宿舍大楼里担任宿管助理。21岁时，她将成为家中第一个大学毕业生。自她上大学以来，她的母亲和姐姐就在当地的技术社区学院上课。

贾利丝的父亲是非洲裔美国人，母亲是波多黎各人，贾利丝大部分时间都和家族中的拉美裔亲戚待在一起,他们就住在她家附近。初二时,父母把她送进了大学预科特许学校。他们告诉她,她的任务就是考进大学,在这个世界上找到自己喜欢做的事。他们不在乎那是什么事,也不在乎她一路上能得到多少 A。"这为我减轻了很多压力。"贾利丝说。

贾利丝在大学里很成功,尽管她经常感到焦虑和应接不暇。她在学校里太忙了,以至于她不再关爱自己。有时她的背部疼痛难忍。她吃得太多,但锻炼是不可能的。"如果我可以为我的楼层举办一次(宿舍)活动,我为什么要去健身房呢?"她说。

贾利丝说,一般来说,她很少依赖别人。"哪怕像这样忙得不可开交?"我问道。

"我宁可自己苦苦挣扎。"她回答道。她也不知道这是为什么。"我很固执,"她若有所思地说,"我甚至不会让别人帮我把书拿到车上。"

她的一些习惯继承自她的母亲。她母亲是九个兄弟姐妹中最小的一个,所以不太会站出来争取自己的权利。贾利丝说,在波多黎各文化中,"女性要扮演顺从角色。我妈妈会先确保其他人都得到照顾,然后再照顾自己。"我妈妈的很多自我价值感就是通过这么做获得的,贾利丝补充说。研究表明,在传统的非洲裔和拉美裔美国人家庭中,女孩更有可能在家里承担照顾他人的责任。

在非洲裔美国人家庭中,女孩可能会受到来自成年女性的压力,要求她们默默地承担责任。艾丽斯·沃克(Alice Walker)曾写道,黑人妇女被称为"'世界的骡子'㊀,因为我们被赋予了其他人,其他所有人,都不愿背负的重担"。一开始,在被胁迫

㊀ 这个称呼源自佐拉·尼尔·赫斯顿(Zora Neale Hurston)所著的《她们的眼睛注视着上帝》(*Their Eyes Were Watching God*)。——译者注

的情况下，她们是奴隶，后来，她们变成了一家之主，"坚强的黑人女性"形象成为一种理想。

当我让贾利丝评价她的工作，而不仅仅是描述她有多少工作时，我开始明白为什么她以及许多像她这样的高成就女孩不愿意寻求支持了。贾利丝非常喜欢自我批评。她对我说："我总觉得我为那些需要我照顾的人做的还不够多。"在她本人看来，她怎么做似乎都不够，而且她常常对自己很苛刻。当我让她参加一个自我关怀测试时，她在"孤独"这项中得分很高，在"与他人情感联系"这项中得分很低。

那些在成长过程中被告知她们必须既充当照顾者又充当成功人士的女孩面临着一场特殊的斗争。对于在常春藤盟校就读的孟加拉裔美国人，家中第一代大学生萨迪亚来说，帮助他人没有问题：放假回家后，她在纽约市的小公寓里做饭、打扫卫生。她把在校园工作中获得的一部分工资给了父母。她喜欢在校园里做家教。

寻求支持则是另一回事了。甚至当萨迪亚脚踝骨折时，她都无法让自己开口请朋友扶她走到门口。"我不知道，我觉得自己很不配寻求帮助。"她告诉我，"如果我生病了，我不会请朋友替我买汤。我不希望别人因为必须帮助我而感到有负担。我觉得，我算老几？我不想让别人对我牵肠挂肚。我宁愿去帮助他们。"

父母一定要让自己的女儿明白，当你养成不求人的习惯时，就会发生一件奇怪的事情。你会开始认为其他人不想为你提供帮助。当我问她为什么不寻求帮助时，萨迪亚安静地告诉我："我觉得相比于我对别人的关爱程度，别人更不关爱我。这是一件令人痛苦的事情。"我问她，有没有证据可以证实这种"关爱差距"？她摇摇头。

你越是不寻求帮助，你得到的帮助就越少，你就越会胡乱想象别人的沉默意味着什么。

寻求支持涉及一个公关问题。重新界定寻求支持这一概念有助于女孩们从新的角度看待这一问题。首先，我们可以把它和自我价值联系起来：寻求帮助是一种自尊和自信的行为。康德写道：为了争取幸福，你首先必须感到你值得拥有幸福（你还得相信幸福不是懒惰的标志）。当你告诉别人你需要什么时，你是在表明你"值得"拥有它。这种自我价值感是让你在这个世界上越来越勇敢和自信的原材料。当我们相信自己从根本上来说很重要时，由冒险和自身不足带来的挑战就会变得更容易承受。

告诉女孩们，不好也没关系，这并不会让她们变成脆弱的傻瓜，反而可以让她们在生活中重新找到平衡，进行自我关爱，并且最大限度地利用身边的资源。这也将使她们有机会表达脆弱感。正如参加我的勇气训练营研讨班的高中芭蕾舞者乔安娜所言："我们的学校总是鼓励我们发出自己的声音。我以为我已经具备了一些自信所需的技能，或者至少表现得自信，但是你告诉我们，勇敢就是敢于表现出自己的脆弱并向他人寻求帮助，敢于寻找一位导师而不是独自去做，我的想法被完全颠覆了。"

斯坦福大学教授凯利·麦戈尼格尔（Kelly McGonigal）发现，在有压力时，与他人进行沟通可以让你更快恢复。压力会导致催产素的释放，也就是所谓的连接激素，它可以增强人们与他人建立情感联系的欲望。"当人生遇到困难时，"她在 TED 演讲中说，"你的压力反应是希望被关心自己的人包围。"换句话说，情感联系能让你迅速恢复。

女孩们需要明白，寻求支持不仅仅是我们遇到危机时要做的事情，它也是一种强有力的领导技能。利用周围的资源来实现你的目标，会使你的工作更加高效。当前这种信息型经济越来越依赖基于项目的团队合作，知道如何召集援军或发出警报是至关重要的技能。2015 年，哈佛商学院的研究人员发现，在他人眼中，愿意寻求建议的人比不愿寻求建议的人更有能力。特别是在面临困难任务时，你必须去请教别人，并且就你遇到的问题咨询专家。

和你的女儿谈谈在你和她的生活中，合作所带来的好处。去质疑"不管怎么说，独自取得的成功总是更好或更有价值"的假设。当我们让自己脆弱到可以说出我们无法独自做到某事时，我们会得到什么？提醒她，在脆弱时建立的情感联系，无论是在她的个人生活还是在工作中，往往都是最真实和持久的。

如果我们希望女孩寻求支持，那么我们自己也必须这样做。我知道作为一个成年人要学会这一点有多难。我从小到大，我的妈妈都在从事一份全职工作，而且包办了几乎所有的家务活。我和弟弟只负责一件家务活：吃完饭后把盘子放到水槽里。这项工作大约只需要 30 秒。其余的一切都是我妈妈做的，她不让我们在厨房或其他任何地方帮她。

我没有变成一个被宠坏的孩子，而是变得和她一样：极度独立，在大多数情况下都拒绝接受帮助。也许不是巧合，36 岁时，我发现自己依然单身一人，于是我决定自己生个孩子。我很容易就怀孕了，然后继续我的生活，就好像几乎什么都没改变。飓风"艾琳"摧毁了我们街区的树，切断了我们的供电和供热。我戴着一个头灯，穿着孕妇长内衣缩在一条加衬芯床罩下发抖。我很害怕，但我没给任何人打电话。我告诉自己我能行。我一直都能行。

几个月后，当我即将分娩时，我花了六个小时在一个 App

上追踪宫缩情况,此时我的一位男性朋友就睡在沙发上,我养的老猎犬则坐在我的脚边,目不转睛地看着我。我没有叫醒我的朋友,尽管我很害怕。在有绝对必要之前,我不想给任何人增加负担。今天,当我想象自己的女儿会做出类似的决定时,我的眼睛湿润了。我希望她是一个能去寻求支持的女孩。我希望她大方地向他人展示爱和慷慨,我希望她觉得自己也有权获得回应。要实现这一点,我必须从自己开始,以身作则。

ENOUGH AS SHE IS
第 8 章

Control+Alt+Delete[一]：改变人生航向的好处

> 我觉得自己像一头困兽。早上醒来时我会想：
> "哦，天呐，真不敢相信我在这里……"
> ——艾玛，18 岁

大学毕业两年后，我获得了极负盛名的罗兹奖学金。罗兹奖学金是一个大学毕业新生能获得的最高荣誉之一，围绕着它有一种伏都教般的迷信：获得罗兹奖学金的人有当总统的，有当职业运动员的，还有得诺贝尔奖的。当你获得了罗兹奖学金，顿时就成了人群中的稀有物种，人们对你尊敬无比。

纽约市长当时是我的老板，为我举办了热闹的记者招待会。《每日新闻》宣布我是市政厅的"天才"。我的大学让我做其招生资料封面女郎。我前往牛津大学完成为期两年的研究生学业，所

[一] 电脑"重新启动"命令的热键。——译者注

第8章 Control+Alt+Delete：改变人生航向的好处

有费用都不用自己出。我很自豪，决心成为这群人中最出色的罗兹学者。

抵达牛津后不久，我坐在工作桌旁，望着雾蒙蒙的院子，感到有一个恐惧的深洞在我的身体里膨胀。我一点儿也不喜欢这个地方。我的课堂阅读资料就和教授们一样"高龄"，我也没有交到朋友。几周过去了，我发现研究生生活孤独得灼人心肺。我大部分时间都待在波德莱恩图书馆里，或者是在牛津雾蒙蒙的道路上跑步，思考着自己究竟出了什么问题。为什么我就不能像班上的同学们看上去那样快乐呢？

但是我不能想象离开那里。谁会放弃罗兹奖学金这最稀有的奖励呢？我怎么能让我的家人失望呢？我的母亲和她的家人都是东欧难民，他们一无所有地来到这个国家。我长期背负着来自他们的美国梦的压力和承诺。我再也认不出自己了。我虚弱、迷惘、害怕。

抵达牛津九个月后，我从研究生院退学，搬回了父母家。我在床上一躺就是几个小时，瞪着落满灰尘的儿时奖品，因沮丧和羞愧而无法动弹。当我打电话给我的大学校长进行解释时，她说我让我们的学校蒙羞。我整个大四都在为她做学生助理。

我找了个心理医生，开始服用抗抑郁药。不久，我就明白了两个痛苦的事实。第一，我成为罗兹学者不是因为我想去牛津读书，而是因为我想成为罗兹学者。我的决定更多源自别人如何看待我人生的下一步，而不是我自己的感受。我在做别人认为我应该做的事，为下一个成就而奋斗。我从未想过问问自己，是否真的想做这些。我已经不知道我是谁以及我重视什么了。

第二，我的自尊一直建立在获奖的基础上。我几乎完全是用成功来定义我自己和我的价值的。当我突然遇到失败时，我就崩溃了。我缺乏应付挫折的内部资源。我不知道该如何面对失败。

在退出罗兹奖学金项目之后的十多年时间里，我在简历上隐瞒了这段比较黑暗、复杂的经历。我担心，如果别人知道我是个半途而废的罗兹学者，我的职业生涯就会一片黑暗。我确信，半途而废的行为定义了我的品格，就好像在放弃之前多年的努力工作都突然不算数了一样。

现在我知道并非如此。一个人的青少年阶段充满了各种艰难的过渡，我们中的一些人会在错误的地方转弯。本章要说的是，在正确的支持和反思下，各种选择，包括改变人生的航向、辍学，是的，还有半途而废，完全可以是毫不遗憾的。它们可能是你的女儿做出的极其勇敢的自尊行为。在弄清楚自己是谁的道路上，错误的转弯很少通向死胡同。无论是出于什么原因，没进入理想的学校，没找到理想的工作，没碰到理想的时间，一次过渡危机都可以给你女儿一个机会去重新定位她自己，并弄清楚她真正想成为什么样的人，做什么样的事。

坚毅并不总是好的

美国人一直非常重视毅力，近来已经达到了崇拜的地步。代表性格力量的"坚毅"，即坚持一个长期目标，直至实现它，眼下正十分流行。心理学家安吉拉·达克霍什（Angela Duckworth）进行的研究表明，坚毅是通向成功的必经之路。

但有时候坚毅也可能对你有害。在对年轻人、成年人和老年人的研究中，康考迪亚大学的卡斯滕·乌洛什（Carsten Wrosch）发现，拒绝放弃"无法实现的目标"会导致身体和情感上的痛苦。当你的技能组合与你的目标或压力（无论是源自年龄，还是源自突发生活事件）不相匹配时，你就可能无法达到目标。

乌洛什发现，那些拒绝改变人生方向的青春期女孩的C-反应蛋白（CRP）水平会升高，而CRP是与糖尿病、心脏病、骨质疏松症及其他疾病相关的全身性炎症标志物。这些女孩会体验到更多的挫折感、疲惫感、矛盾感和沮丧感。

相比之下，那些愿意及时止损的女孩心理健康水平更高，皮质醇，即"压力荷尔蒙"的分泌量也更低。她们也更有可能设定新的、更可行的目标，从而增强她们的目的感。"人们在面对无法实现重要人生目标的情况时，"研究人员总结道，"对身心健康最有利的反应可能就是摆脱这一目标。"

作家和教育家阿尔菲·科恩（Alfie Kohn）质疑我们在关注坚毅的同时失去了什么。他写道："重要的不仅仅是一个人能坚持多久，而是他为什么要这么做。孩子们真的喜欢他们正在做的事吗？还是说他们有一种不顾一切（并且会引起焦虑）的冲动需求，想要证明自己的能力？只要他们还在努力，我们就觉得有必要点头表示赞许。"他指出，做别人让你做的事是一条"阻力最小的道路"。踩下刹车去走自己的路需要勇气。

女孩们很早就学会了按别人的吩咐去做。关注他人的需求会让她们从同龄人和成年人那里得到回报，如果她们拒绝服从，就会受到惩罚。反抗者很快就会被贴上"自私"或"自负"的标签，这就是为什么女孩们会放弃操场上的秋千，让她们的朋友去挑选周末要看的电影或要逛的商场，甚至当她们的感情受到伤害时，她们也只会把目光转向别处。她们这样做不仅是为了保持和平，被人喜欢，或是在群体中占有一席之地。她们这样做也是为了生存，而且这很有效。

当回报十分丰厚时，这种习惯就会侵蚀女孩们的其他选择：

她们选择的课程，她们选择的专业，她们申请的学校，她们从事的工作。如果她们这么做的次数足够多，获得了足够多的回报，她们就会停止思考自己真正想要什么。把她们和她们最强烈的欲望联系在一起的纽带会磨损、变细，然后消失。她们的选择会越来越受到外界力量的驱使。随着风险越来越大，如果事情没做成功，其后果也会越来越严重：学费和保证金都会受到影响，更不用说身心健康和时间了。

此外，她们还必须表现得好像一切尽在掌握之中，而误以为他人都是一切尽在掌握之中也让她们感到压力重重。这让很多女孩在沉默中承受痛苦，被自己已经后悔的决定所束缚，尽管她们在社交媒体上依然保持着甜得腻人的外表。

对坚毅的赞美反映了一种价值判断：对一项任务的深度关注比尝试新事物、进行试验和积累广博的知识更可取。这一点已经在对"找到你的爱好"的痴迷中体现出来了，这种痴迷在大学招生热潮中占据了主导地位。然而，你的女儿青春期最重要的发展任务之一是形成她的身份感，这本质上是一种探索性旅程，在这个旅程中，她会追求一些最终被证明无法实现的目标。

大学申请产业综合体或许期望学生们不犯任何错误，但这并不意味着生活实际上就是这样的。弄清楚自己是谁是一项持续的工作，而不是第一次尝试就能搞定的东西。在这样的时刻，半途而废或许不仅是明智的，而且还是具有适应力的表现。

还有一个问题是，她是否已经准备好迎接接下来的重大步骤，比如上大学、横跨美国的搬迁、全职工作等？她的档案记录不一定符合她的实际状况。她的平均绩点远非决定性标志，无法证明她已经准备好面对新机遇带来的一切。

当我们的孩子很小的时候，我们被鼓励让他们连续地发展。

第8章　Control+Alt+Delete：改变人生航向的好处

我们被告知孩子们会在不同的时间坐立、翻身、走路、说话。在这一过程中，我们开始给孩子设定严格的时间表。进退的余地让位于想与他人保持同步的焦虑。到了高三，你那中产阶级出身的孩子将在接下来的九月份被大学录取，然后沿着一条统一的道路走向毕业典礼、就业和成家，这已成定局。但孩子们并不全是一个模子里刻出来的，再多的祈愿、压力、贿赂、治疗都无法让他们面对一条他们还没有准备好跨越的发展界线。

艾玛一直都很焦虑，为了各种事情：标准化考试，大学预修课程班雪崩般的作业，以及她所在的足球队里的激烈竞争。最重要的是，她担心上大学的事。艾玛很少有成功离家的经历。她很少在别人家过夜，也没参加过夏令营。"她是个宅女。"她的母亲朱莉告诉我。

但是艾玛成功地修完了一整套课程，安排好繁忙的训练，还能挤出时间和男友在一起。当她提交申请并被一所精英大学提前录取时，她惊呆了。她没想到会被录取。艾玛在社交媒体上公开自己的喜讯，但独自一人在房间里时，她得抗击内心中逐渐形成的恐惧。她想："人人都得上大学，这没什么。等到我真得上路时，我就不会这样了。"

此刻，艾玛正坐在一家咖啡馆里，就在我的对面，她苗条婀娜，镇定沉着。她拒绝了一份咖啡，然后回忆起高三时让她一直不敢轻举妄动的那种恐惧。她曾经对自己说："你从来没有听说过有谁不去上大学。"不去上大学不是一个选项。

冬去春来，艾玛让自己沉浸在同龄人对上大学日益增长的兴奋中。她的朋友及其家人用近乎马戏团般的狂欢庆祝她被录取。艾玛告诉我："人们认为，一旦你上了大学，你立刻就可以享受无尽的乐趣。你将成为一个全新的人！交到新朋友！拥有惊人的体验！"当她的朋友们四处发布自己的好消息时，艾玛试图加以模仿。"我对自己说：'每个人都这么做。我相信这是正常的做法'。"

朱莉看穿了女儿的假面具。她知道艾玛之所以直到现在都很出色，是因为她一直严格地让自己待在舒适区里。大学将给她带来一次彻底的改变。"你真的准备好了吗？"朱莉温柔地问艾玛，"也许你应该休息一年。"

"不可能，"艾玛说，"其他人都去上学了，我一个人待在家里多难为情！谁会这么干？"朱莉退缩了，默默地为艾玛担心着。

八月底，艾玛的家人把艾玛的东西塞满了车。当艾玛小心翼翼地走进宿舍时，她的室友静默无声，未表示欢迎。朱莉觉得心在往下沉，但她知道该怎么做。几个小时后，她和丈夫乔什下楼离去，让艾玛按自己的方式开始大学生活。

三天后，艾玛的信念被击碎了。有一天她醒来，整个人感到无比恐慌，因为她意识到现在的新生活就是她接下来的生活。"我觉得自己被困住了。"她回忆道，焦虑在她心中蔓延，直到她除了焦虑再也感觉不到其他任何东西。她对我说："我早上醒来时会想：'哦，天呐，我不敢相信我是在这里而不是在家里。'"

艾玛躲在房间里哭泣，一边想象着她的家人在没有她的日子里照样过得好好的。她得了恐慌症，每天给父母打五次电话，哭个不停。她哭着说："我不能待在这里，我太讨厌这里了，我讨厌宿舍，我讨厌宿舍楼，我吃不下东西，我讨厌食物。"

迎新活动是一场灾难：强制性的交友活动，超级错综复杂的日程安排，"都是她无法忍受的东西"，朱莉回忆说。艾玛耗尽了大部分精力，避免在公共场合哭泣，巴望着破冰活动早日结束，以便她可以很快开始上课。

她非常想回家，却无法想象自己真的会这样做。"你从来没

第8章 Control+Alt+Delete：改变人生航向的好处

听说有人这么做过，"她告诉我。天知道她的父母会为此损失多少钱。再说，如果她辍学，接下来她该做什么？最让她害怕的是难为情和别人的评判。"如果我辍学，别人会怎么想？"她回忆自己当时的想法，"我觉得自己真像个怪物。"

艾玛开始去看校园心理医生。在150英里外，她的父母则在争论该怎么办。乔什说："让她坚持一个月。"朱莉反对道："现在就接她回家。"当艾玛第一天上课时，她觉得自己像个鬼魂。那种曾让她获得令人垂涎的大学生身份的自律和动力已经消失了，只留下一个崩溃的女孩。

一位学生宿管顾问让艾玛去见负责新生工作的院长。院长对艾玛的情况并不陌生，她解释了学校关于退学的政策。"她表现得就好像这种事情一点儿也不奇怪。"艾玛回忆说，"我当时就问，等等，这种事在别人身上也经常发生吗？"

"是的，没错。"院长告诉她。她想让艾玛去见见另一名学生。那个年轻的女子开学没几周就退学了，然后，在离校进行了一年多的自我建设之后，如今她在校园里发展得很好。艾玛说："听了她的故事，我有了重返校园的希望。她曾经和我有着同样的感觉。"院长提出给朱莉和乔什打电话，把艾玛崩溃的来龙去脉说清楚。她向他们保证，这种事情并不罕见，他们的女儿可以请假，等她准备好了，学校欢迎她回来。艾玛说："这真正改变了他们的想法。"经济损失也只是象征性的，损失很小。

艾玛的家人把他们精心布置的艾玛的宿舍清空，重新把东西装到车上，此时距离他们第一次到这里只过去了三周。艾玛现在知道两件事：并非只有她一个人会这样，她也没有疯。摆脱了这些心理负担后，她开始从一个新的角度看待休学的选择，认为这可能与逃避责任恰恰相反。她说："我认识到我并不是在逃跑，我只是在为自己做点什么。"有史以来第一次,她开始感到有希望了。

一方面,朱莉为自己的女儿感到骄傲,因为她勇敢拒绝了以特定的方式"上"大学的压力。另一方面,她自问让女儿回家是不是错了。现在,艾玛从大学退学的消息已经传到了亲朋好友耳中,大家的反应出奇地安静。"你简直无法想象,"朱莉告诉我,"有那么多非传统人士,这些人一直被认为是进步人士,却对有人上了大学然后辍学的做法感到恐惧。"

没关系,她告诉自己。关注真正的问题:艾玛还能重新开始吗?她是不是太失败了,以至于无法离开家?朱莉下定决心,重新划定她和女儿的关系界限。她会让艾玛退学,但条件是艾玛必须直面自己的焦虑,并去寻求离家发展所需的帮助。对母亲和女儿来说,这是一个艰难的时刻。

朱莉告诉我:"她必须去看心理医生,弄清楚她焦虑的根源,弄清楚她想做什么。"她会确保艾玛完成这项工作,她知道这不容易。"我必须退到后面去。"她回忆说。

承担起自己康复的责任

青少年的大脑的最残酷的伎俩之一是,它能让年轻人相信,他们身处的任何时刻,都将定义他们的一辈子。过去和未来不仅变得无关紧要,而且似乎完全从大脑的仪表盘上消失了,只剩下现在,现在,现在。

回家以后,艾玛的决心开始动摇。在这次崩溃之前,她是什么样的人?她曾经为了进入一所好学校而努力学习,她有创造力、很聪明、擅长社交,这些事实似乎都不再重要了。她现在只感到恐慌,因为她可能永远活在高中和大学之间的炼狱中,瘫痪无力。

"我一辈子都活在泡泡里,听他人告诉我'这是你下一步要做的,从这所学校进入那所学校'。我从来不必自己做出选择。"她告诉我,"在过去,一切都很容易,但现在我不得不问'好吧,我能做些什么来敦促自己?'"

诸如离家上大学这样的成人仪式对青少年来说是至关重要的人生锚点。他们会在充满压力和不稳定的时期正常地生活。当内在资源变得贫瘠时,社会压力会推动他们继续前行。但对于那些最终不得不刹车,让全世界对她们的期望落空的女孩而言,还有第二重痛苦需要承受:自我怀疑、孤独和羞耻感。

羞耻感是一种极端的、有害的悔恨。它给正面临挫折的女孩带来了双重负担:"我在一项任务上失败了",而且"我辜负了我自己"。对艾玛来说,她的双重负担是"我讨厌大学"和"我因为自己讨厌大学而讨厌自己"。她认为自己很糟糕,这只会损害她应对挫折的能力。这使她陷入一种思维中不可自拔,即她是软弱的、可悲的、不值得尊重的、孤独的。

为了康复,艾玛必须面对两个挑战:第一,她必须学会管理使她无法过渡到大学期的焦虑;第二,她必须改变自己对过去经历的解读方式。艾玛必须停止为了所发生的一切对自己进行评判,并且改变对自己退学一事的想法。更重要的是,她必须把这看作一个潜在的学习机会,而不是灾难性的终点。她必须亲身经历这个过程,并承担起自己康复的责任。没人能替她去做。

去见院长,然后去见已康复的学生,这是为恢复健康迈出的头两步。得知她不是"唯一的一个",她的问题也非绝无仅有,使她摆脱了自我批评的重压。她开始原谅自己,这为她重新开始前进开辟了精神和情感空间。这让她放弃了持续保持优秀的策略,允许自己去寻求支持。

下一步就是退学。要做到这一点,艾玛必须接受她还没为上大学做好准备这一事实。上大学的目标眼下是无法实现的,因为这段经历已经让她发现自己完全不是她所认识的那个自己。最后,艾玛必须相信,除这痛苦的时刻外,人生中还有更多的东西。

她坐在孩提时代的家中,四周凌乱且安静,这时,她的内心冒出两个问题:"我能找到需要我努力做的事情吗?我怎样才能让自己处在一个比今年更好的境况中呢?"她感到一个熟悉的东西开始萌芽:决心。她原先的动力和自律开始恢复了。她开始每周接受心理治疗并继续吃药。学会离家生活肯定是一个循序渐进的过程。艾玛在附近的一个城市里找到了一份工作,乘公交车上下班,并经常在他们家的一个朋友那里过夜。

几个月后,艾玛想横穿美国去拜访一些朋友,想到要独自旅行这么远,她感到很害怕。但这一次,艾玛面对挑战的态度与以往有所不同。她没有努力压制自己的感觉,而是密切关注自己越来越多的恐慌感和恐惧感。她专注于使用她在治疗中学到的新方法来管理自己的感觉。"如果发生这件事,我就这么做,"她会告诉自己,"如果发生那件事,我就那么做。"她不再把自己在生活中遇到的挑战归结为"自己得了焦虑症"。艾玛会去寻找焦虑的根源。

当艾玛在行李领取处看到朋友们时,她高兴坏了。这是一种她先前从未体验过的成功。它不依赖于投射完美的形象,而是更接近一个更为谦逊、真实的形象。这是她认真努力后赢得的一场胜利,她没有指望自己毫不费力地完成这件事。艾玛已经修改了她的标准,并且能够在充分接受自己的局限性的前提下承担风险。正是因为她拒绝否认自己的弱点,所以才有勇气坚持到底。

艾玛发现了脆弱给她带来的勇气,以及允许自己当一名凡夫俗子使她取得的成功。当她准备重返大学时，她再次采取了这种立场。她不再固守自己的期望：她会给自己一个学期的时间，如果问题没有得到解决，她会搬到离家更近的地方，并且原谅自己。她坚持接受治疗，承认自己的恐惧，努力控制自己的焦虑。她回忆道："之前那个夏天，我否认一切，这个夏天则大不相同。我有一种又一种的方法来让生活变得更好，这种感觉真的很好。"

艾玛的新方法，加上去年发生的那些令人不安的事情，影响了她父母的旁观方式。他们也改变了自己的期望。他们有了一套不同的价值观，根据女儿的情况去定义女儿的成功和幸福，而不去在意人们说她必须成为什么样的人。现在，他们会庆祝哪怕是最小的成功。艾玛今天过得好吗？她通过了课程考试吗（不是得到A，只是通过了）？这些成了成功的新基准。

艾玛既难为情又骄傲地告诉了我这一切。"这有点令人伤感，"她羞怯地说，"但这很棒。"

过渡危机时期的教养方法

找个时间设身处地为你的女儿想一想：在她上大学的第一个秋天，也就是她十七八岁左右，她不仅要断绝与原生家庭的日常联系，还要断绝与一位心理学家所说的"第二家庭"的日常联系，那是她多年来建立的同龄人支持网络，该网络提供了社会安全网、活动伙伴和学业支持。然后，她必须去到一个新的地方，有时是去一个新的气候区或时区，并学会适应新的时间表和具有挑战性的工作量。她必须重新建立社交网络，同时努力应对与旧的社交网络分离所带来的挑战。

对女孩们来说，这可能是一个特别混乱的过程。想想女孩们和她们最亲密的高中朋友之间的亲密关系。她们的友谊特点是一对一的情感联系和高度的信息分享。当她们的朋友遇到问题时,她们比男孩更容易变得心烦意乱,并会对朋友的痛苦感同身受。而且,女孩们的自尊水平容易受到友谊起落的影响。

脱离、独立、个性化,对大多数女孩来说这不是一个平稳的过程,特别是在智能手机时代。如今,社交媒体让女孩们前所未有地专注于旧的社交网络,而此时此刻,她们应该开始构建新的社交网络。对大多数离家的女孩来说,与旧网络的脱离是很不彻底的,她们的过渡期情感包袱有时会压垮她们的宿舍生活。

那些是家中第一代大学生或来自低收入家庭的女孩在外面可能会对自己的痛苦守口如瓶。艾玛的恐惧是自身导向的,她最担心的是自己的名誉和自我意识受到损害,但这些女孩与艾玛不同,这些女孩害怕让家人失望。

负责监管家中第一代大学生和大一学生的史密斯学院学生处助理主任玛吉·利奇福德(Marge Litchford)说:"她们绝对不会允许自己感到痛苦。她们是从家中走出去的人,是把(家人的期望)扛在肩上的人。她们不想让自己的妈妈失望。"对这些学生来说,改变人生方向意味着藐视那些为了让她们取得成就而做出的牺牲。如果她们认为自己是整个家庭脱离贫困或工薪阶层的"进阶之路"(许多人确实如此),那么,因为自己痛苦而擅自采取行动,说得委婉一些是自私,说得严重一些则是把整个家庭置于危险之中。

她们的父母可能也同样不愿意说出心里话。这些父母担心会让大学管理者觉得自己太理直气壮。他们很少像特权阶层的父母,后者以喜欢飞快地代表女儿给学校打电话而臭名昭著。他们更倾向于服从学校的权威,而不是质疑它。利奇福德说,具有讽

第8章 Control+Alt+Delete：改变人生航向的好处

刺意味的是，家中第一代大学生和来自低收入家庭的女孩的父母往往对成就最没有执念。她对我说："他们希望自己的女儿快乐，做自己喜欢的事。"

当孩子们遇到困难时，大学想听听家长的意见。如果没有这种合作关系，女孩们或许只有在虚弱到无法继续下去时才会开口说实话。每周至少一次从父母那里得到"强大支持"（情感、经济或实际帮助）的较年长的青少年，比没有得到支持的青少年表现出更高的生活满意度和更强的适应能力。我们可能很喜欢谴责所谓的"直升机家长"⊖，但是我们必须明白，教养孩子本身不是一个问题，问题出在这种特殊的教养方式上。直升机家长总是为孩子们做他们已经能为自己做的事。当你的女儿在过渡期挣扎时，你需要采取一种不同的教养方式。

你需要真诚接受这样的观点：应对挫折并不是在绕弯路，应对挫折就是她的道路。在这段时间里，做到以下三点干预将有助于她保持稳定，让她做好前进的准备。

1. 如果自我批评使她停滞不前，就鼓励她原谅自己。 教她进行本书第6章中的自我关怀实践。需要明确指出的是，你不可以假装这一切没有发生。你要向她说明，痛责自己不会产生积极的效果，也不会激励她前进或改变她的处境。

2. 帮助她与自己的价值观建立联系。 当她坚守真实的自我、真实的自我感受、真实的自我立场，不会为了任何其他人或其他事而试图成为某种人时，她就会越来越强大。首先问问她，到目前为止，她在应对过渡期的过程中感到最自豪的是什么？这说明她是个什么样的人？对我来说，当我离开牛津大学时，我为自己

⊖ 指成天守在孩子身边问长问短的父母。——译者注

积极接受治疗和反思自己的选择而感到骄傲。赞美你女儿的优点会给她带来动力和希望。

接下来问问她,她眼下最重视哪三种东西?友谊?家人?诚实?服务大众?然后一起谈谈如何才能让她不偏离自己所在意的事情。这将增强她的自信和自我意识,而眼下这两者都有可能变低。这项工作的目的不是让她迈出下一步,而是让她通过看清自己,立足于当下。

3. **让她参与回应**。问问她想对这种情况采取什么行动。鼓励她尽量提出各种可能性。告诉她不能回答"我不知道"。在这一刻,优秀的家长就像出色的舵手,可以引领孩子。事实上,她最需要做的是让自己重新变得足智多谋。她还需要意识到当前的情况不会永远持续下去。如果她愿意,可以列出一些选项。这些选项不必百分之百可行或智慧绝伦,但必须由她创造,属于她本人。

这不是要求你纵容她。你依然是她的家长。你依然保留行使你的权威和叙述你的价值观的权利。跟所有时候一样,划分界线的人、说"不"的人以及制定最后期限的人都依然是你。当她努力分辨是非对错时,你就像一个容器,不允许她越界,但她首先需要稳定下来。记住,你可能需要实践一段时间才能正确做到在扶助她的同时推动她向前进。如果你能在这段时间内兼顾养护你的女儿和使她接受挑战,你就可以帮助她重建信心,让她再次站起来,重新开始。

她需要你说什么

大学期间的一个暑假,我在马里兰州父母家附近的波托马克河上学习皮划艇。我喜欢奔腾的白色湍流所带来的刺激，但我很难保持稳定。教练告诉我，窍门是把身体倾向浪花。

"倾过去？"我问，"如果我倾过去，不会翻船吗？"

"感觉是会翻，"他说，"但船不会翻的。试试看。"

我稍稍倾过去一点，便感觉身体开始向水面倒去。我赶紧坐直了。"再试一次。"教练说。

渐渐地，我终于体会到了他想教我的东西：只有让身体做它想抗拒的事情时，我才能找到最稳的姿态。

同样的道理也适用于父母帮助女儿渡过过渡期危机。对于女孩（尤其是那种日复一日在充满争强好胜者的世界里跋涉的女孩）而言，你能送给她的最好的礼物之一，就是允许她奋斗。按照她本来的模样去看待她和爱她，而不是按照你希望的那样。

屈服于她的悲伤听起来与你的直觉相悖。如果你任凭她这样下去，她岂不是会陷得更深？答案是否定的。认可一个人的痛苦与鼓励他痛苦是有区别的。当你同情你的女儿时，你就为她打下了基础，使她能够去克服挑战，而不是因为遭遇挑战而自责。你要允许她有这种体验并认可其正当性。向她表明她没有发疯，或者她并非在孤军奋战，如此一来，她就更有可能在水中保持平衡。

但这些都不是女孩们在手机上听到、看到的，也不是她们心中认为的。大多数大一新生都会听说同龄人取得的辉煌成就：这里有那么多在毕业典礼上致告别词的优秀毕业生，那么多班长、优秀运动员、杂技选手、荣誉社区成员，等等。在每一个阶段，人们都期望年轻女性足够聪明，能够考上自己正确甄选出的大学，选择完美的专业，找到最令人艳羡的工作，在最时髦的社区租下最好的公寓，找到最棒的室友，并且享受生活中的每一分钟（或者至少从社交媒体上看起来是这样）。她们没有失败的余地。

最给力的父母会挑战这一神话，并揭露其欺诈性。这些父母在送孩子上大学时会警告孩子说，这可能不会是她们一生中最美好的四年。他们会说大学和其他任何地方一样，有高峰也有低谷，有失望，也有美好的时刻。他们会告诉女儿，在建立新的社交生活时要有耐心，要对遭遇不愉快的派对、遇到无聊的人以及非常想家做好准备。

这些父母会说，每个人都会遭遇困难，所以不要被错觉迷惑，以为自己是唯一一个想念从前生活或难以适应新生活的人。这些父母允许他们的女儿在考虑下一步时举棋不定、充满纠结。他们会讲述自己在大学里的经历以及早年在现实世界中遭遇的不幸。他们会告诉自己的女儿，感到不快乐很正常，我们在尝试任何新的事物，特别是开始新的学习历程时，都会感到艰难，这是你的学习历程的一部分。

这些父母会消除他们女儿的关于成功意味着永远不出错的想法。发现自己不喜欢或不想做的事和学习自己想做的事一样有价值。走弯路是这个过程的一部分。一旦我们内心的指南针让我们知道自己不想去哪里，它就会变得越来越精确。

根据自己的情况在路上多花些时间并不意味着你最终到不了那个地方。我用超速的例子向学生进行解释。当然，我可以在高速公路上用 80 英里的时速去我要去的地方，但这样一来我就得冒吃罚单或出事故的风险。如果我不超速行驶，我可能会晚 10 到 15 分钟到达那里，但是安全、金钱和理智方面的回报足以抵消时间上的损失。你的人生旅程也是如此。你是否值得拿自己的身心健康冒险以便跟上别人的步伐？

当你作为父母这一特别有影响力的角色时，在这一刻表扬她做得好的地方会大有裨益。当她遭遇困难时，要表扬她没有躲起来，要为她做出的哪怕是很小的努力感到骄傲。专注于她今天或本周完成的小事：她去健身房了？她按时交论文了？她这次测验做得很好？

同样，和她一起制定合理的目标（是的，小目标）。如果她和宿舍里新搬来的人聊天，或是和朋友一起去看电影，而不是一个人蜷缩在那里看 Netflix 电影，就为她鼓掌。这些都是有价值的进步，值得肯定。帮助她认识到，她在学校的第一个月不必力求成为新生楷模。你可能认为她已经知道了，但是要再说一遍，即使她不耐烦地翻白眼。当你用这些比较小的事情定义成功时，你就给了她去这么做的许可和榜样。

弯路成为正途

对艾玛来说，治愈是通过学习管理焦虑实现的。我遇到的挑战则与她不同：我必须跳下成就跑步机，找到一条回归自我的道路。我内在的动力，即我努力去做是因为我真的想做，几乎已经消失了。我认定，如果我要改变现状，我就必须弄清楚对我而言什么才是真正重要的，而不是因为有人希望我这么做，或因为这会让我赢得奖项。我很快就找到了答案。多年来，我一直被小学三年级时发生的一件事所困扰，当时我在操场上，一个叫艾比的女孩让我最好的朋友从我身边跑开了。为什么这事会让我如此烦恼？

我开始研究女孩的攻击性，发现很少有关于这个话题的文章。我开始采访我认识的女性，询问她们关于女孩霸凌的记忆。我仍然很难过，仍然不知道下一步该做什么，但我已经建立起一系列学习目标，我的动力来自对掌握一项技能的渴望，而不是为了赢得认可。

在家里经历了几个月残酷的绝望之后,我遇到了一位对我的写作感兴趣的编辑。不久之后,我从她所在的出版商那里得到了一小笔预付款。我从原定要上的法学院退学了,这次我的父母怒火中烧。我的父亲对我喊道:"你放弃了你得到的每一个机会!"

我吓坏了,但还是继续自己的计划。我觉得撰写那本书能够治愈我,让我找回自我。为了多挣些钱,我卑微地打过短工。我搬到布鲁克林一间老鼠出没的公寓,信用卡上的欠款也在不断增加,但我知道我在这个世界上最想做的是什么,而我正在做它。当时,这对我而言已经足够了。

当我全身心地投入到我真正在意的事情上,当我让我的心灵(而不是我需要完成的事情)来指引我时,我找到了真正的成功。动力诱因的研究者已经证实了这一现象:当你不被外在的奖励裹挟时,你就会被迫找出内在的驱动力。罗切斯特大学的爱德华·L. 德西(Edward L. Deci)和理查德·M. 瑞安(Richard M. Ryan)教授决定在学生毕业后的两年中对其进行跟踪研究。他们发现以某种人生目的感为驱动力的学生,即怀着"帮助他人改善生活,学习和成长"的愿望的学生,过得更快乐、更满足,也不像在大学时那么焦虑和沮丧。追求外在金钱奖励的学生则更容易抑郁、焦虑,并表现出其他一些消极的心理健康指标。《驱动力》一书的作者丹尼尔·平克写道:"那些追求外在奖励的积极性最低的人,最终反而会得到这些奖励。"

我花了更长时间才意识到有些成功是不值得追逐的,而放弃也没什么好羞愧的。乌洛什说,知道何时放弃是自我调节很重要的一个方面,在这个年龄段(即放弃所谓的目标所带来的后果往往不那么严重的年龄段),学习这么做的效果最好。

第8章　Control+Alt+Delete：改变人生航向的好处

我的痛苦是我人生中有某样东西急需改变的一个重要信号。今天，我对此十分感激。当女孩们听到内心发出的求救信号时，她们有三种选择：假装它没有发生；把它看作她们自身有问题的征兆；认识到它意味着有什么事情……出问题了。

如果女孩们把痛苦看作自己有问题的征兆，她们就会错过满足自己真正的需求并明智行事的机会。她们也会回到社会比较的老路上，纠结于为什么其他人看起来不像她们那么不快乐或不幸。在这种情况下，父母必须敦促女儿关注自己的生活和自己的选择，不要操心宿舍里的其他人，也别去管其他人看上去有多快乐。每个人都是不一样的，都走在自己的路上。比较是毫无意义且很痛苦的。

相反，女孩们可以选择将自己内心的信号看成警示——某件事情出了问题。作为父母，我们必须定下基调：当我们帮助她们绕过羞耻感和自我评判时，她们就更有望对自己的选择做出清醒的评估，这也可以帮助她们将存在主义危机转化为机会。我们可以从语言开始做起：我们不说"辍学"或"退学"，而是说"改变人生方向"或是"休息一段时间"。

离开学校一段时间也会有所帮助。根据美国间隔年[⊖]协会（American Gap Association）的调查，高中时期的倦怠感和希望"进一步了解自己"是学生选择在上大学前休息一段时间的两个最主要的原因。间隔年的三大好处之一就是"更好地了解我是什么样的人以及对我而言什么是重要的"。

同样有必要问问你女儿，首先她对上大学有什么想法。唯有那些必须为上大学付出最艰辛的努力的人，才可能问自己是否真

[⊖] 指高中毕业后延后一年上大学，间隔年即介于高中毕业和大学入学之间的那一年。——译者注

的想上大学。即使这一步棋对你的女儿而言是理所当然的,也不代表她不可以思考一下自己为什么想上大学、她的目的何在。她给出的回答不一定是"这样我就能成为一个什么样的人(x,y或z职业人士)",因为目前她还不需要知道这些,但是她的回答应该表明她本人认为这一经历是真正有价值的。如果她不能回答这些问题,你就要注意了,要把这变成一个与她一起进行深入思考的机会。

几年前,我在南非的一个高中毕业典礼上演讲,那是我第一次决定分享我退出罗兹奖学金项目的经历。(是的,我非常害怕公开分享这段经历,所以我不得不在另一个半球去做这件事。)在我讲完之后,出现了一段似乎永无尽头的静默,然后学生们和他们的父母都站起来鼓掌欢呼。

就在那一刻,我决定要做一个"正在进步的人"的楷模。今天,我决心向我的学生和女儿表明,衡量一个人的人生不是看分数,也不是看这个人有多接近文化强加给大家的成功图景。生活中充满了我们为继续前进而做出的选择,其中一些很愚蠢,另一些则很明智;我们选择去哪里找到自我,才是最重要的。有时候,放弃可以让你获得自由。

ENOUGH
AS SHE IS
第 9 章

我们无法给孩子自己没有的东西

当一个青少年的家长可能是一项吃力不讨好的工作。年轻人的任务就是拒绝你的价值观，经常给你难堪，并且愤怒地沉浸在自己的世界中。在她小时候，你常常是她的崇拜对象。然后她开始向你翻白眼，接着你就变成了一根肉中刺。

幼童会就你的育儿方式给出可靠、即时的反馈。告诉他们做这个、试那个，他们通常都会服从。年轻人就不会这么乖了。你想分享你在这个世界上生存多年所获得的理性的、理智的建议，结果却被他们指责愚蠢。你会不断质疑自己是不是真的很愚蠢，直到其他人提醒你并不愚蠢。

"被女儿断然拒绝已经够糟糕了，"心理学家丽莎·达莫尔（Lisa Damour）在《解脱》（*Untangled*）一书中写道，"更糟糕的是，这恰恰发生在你觉得她最需要你的时候。"作为年轻人的父母，每天都要为女儿积攒智慧、典范、纪律，以及其他任何你能积攒的东西，通常要持续无数个月，甚至无数年，而且没有分红。

她永远不会因为你告诉她无论上哪所大学她都会很快乐，或者点赞数不能定义她的价值而拍着你的肩表示赞许。她更有可能告诉你你什么都不懂，或者说其他更糟的话。也许你早就知道教养孩子不是一场人气竞赛，但是没人告诉你，你会被视为食古不化的书呆子。回报几乎总是姗姗来迟，那时她们早已成年，想起你曾经说过的如今连自己都已经忘记的话，并为之感谢你，而当初你却因为这些话遭到她们沉重的打击。

因此，青春期孩子的父母需要一个科学（但难理解）的教养理论。首先，你必须接受这样一个事实：你不能像从前那样控制或解决你女儿遇到的挑战。你女儿了解到这一点的时间比你早得多。一段时间以来，她更在意你是否承认她遇到的问题很困难，而非你是否有能力解决她的问题。小女孩通常想得到你的帮助，但大女孩想要的是你的同情。她们希望自己的感受得到认可，她们希望能被人看到。她们想听到你说"情况真是太糟糕了"。她们并不总是想得到建议。

青少年也有，就像女孩们喜欢说的，"所有的感觉"。他们有足够多的感觉，多到简直可以在 eBay⊖ 上出售。强烈的情感以不可预测的方式从青春期的孩子的大脑中涌出，青春期女孩想做的就是把这些情感发泄到你身上。"对于青少年面临的众多问题而言，"达莫写道，"发泄情感是对问题的一种补救。"她们会清空自己，然后一身轻松地继续前进。然而我们做父母的适应力没那么强。我们要花很长时间才能恢复。我们接到令人痛苦的电话，听到门被砰地关上，感觉就像卡通片里的金星在我们的头顶盘旋，最好的情况是心中一片茫然，最糟的感觉是觉得自己变成了人肉沙袋。

这些变化要求你将教养重心从"让我来解决问题"的谈话，

⊖ 一个线上拍卖及购物的网站。——译者注

转移到一种更能引起共鸣的互动上,这种互动包括接受女儿的痛苦,并承认一时间可能没有解决方案。这是一个概念很简单但实际操作起来很困难的策略。当孩子们遭遇痛苦时,作为父母,我们很难坐视不管。我们作为父母就是要解决问题,所以我们难免会用是否为孩子打造了幸福的人生来定义我们是否成功。忍受孩子的痛苦而不去努力消除它,这不是一件轻松的事情。

要改变教养方式,我们能做的最有效的事情就是从自己开始。在这段时间里,反思你自己的习惯和行为——将之作为你女儿效仿的榜样并将其放在你和你女儿的关系中加以审视,这将有助于你重新确定自己努力的方向。然而,如果你的女儿是在应对与她的身份有关的独特挑战,包括歧视,那么你能控制的东西就是有限的,在这种情况下,改变的责任可能更多在于体制,而不在于你的家人。正如我在本章后面所探讨的那样,你的关注点或许得有所不同。

我总是会被布伦内·布朗的一句话所触动:"我们无法给孩子自己没有的东西。"我们不能教女孩们我们自己不知道的东西。如果我们想让女孩们理解生活的粗糙和不完美,我们就必须树立接受现实和自我关怀的榜样。如果我们希望我们的女儿愿意并且能够(接受)失败,我们就必须分享我们的失败经历。因此,父母必须学会调节自己的焦虑,并与女儿合作,深思熟虑后调整自己的理想。以下是一些重要的情感支持策略,你可以提供给你的女儿,帮助她度过青春期的中后期。

记住她仍在看着你

最近,我女儿的幼儿园老师告诉我,我女儿在愤怒的一刻转向一位小朋友，蛮横地警告对方说："如果你继续用那种语气说话，你就得去一边休息一下。"老师和我都笑了，我脸红了。我们都有这样的故事：我们的女儿们滑稽地模仿我们，而且常常是以令人尴尬的方式。

当我们的小女孩长大了，我们就不再像从前那样在她身边说个没完，因为我们知道"她们已经听过了"。我们中的许多人不再考虑孩子会模仿我们，但这是很不应该的。更高层次的模仿仍在进行中：她会观察我们如何应对压力和冒险，我们在犯错后如何安慰自己，以及我们如何谈论自己的外表。

你还记得她学走路时的模样吗？还记得她像喝醉的海盗一样摇摇晃晃，然后重重摔倒在地吗？那时候她做的第一件事就是看向你。她的眼中有一个问题：我该如何应对这个局面？这是不是很糟糕？如果你的脸因为恐惧而扭曲，如果你倒抽一口气或是捂住嘴，她就明白了。于是她就开始大哭。可如果你看起来平静而放松，让她知道她没事，那么她也会很平静。

多年以后，我们仍然在通过自己的言行提示女儿如何应对压力。父母和女孩之间的纽带依然牢固，是的，即使她们已经是青少年，而且尤其当她们是青少年时。当你的女儿因为没得到理想的分数，没被理想的大学录取或求职失败而崩溃时，她仍然想知道："我该如何应对这个？这是不是很糟糕？"不同的是，现在即使你告诉她没关系，她也会反驳说很有关系；即使你告诉她无论如何你都爱她，她也会像愤怒的母马一样喷着鼻息乱甩头发。作为一个青少年，她必须这么做，但她仍在看着你，仍在听着你的话。

当她刚开始迈入成年期时，你想通过言传身教帮助她塑造什么样的性格或习惯？想想你可以利用一天中的哪些时刻，富有战略性地向她展示驾驭世界的不同方式。如果你能从这本书里女孩的话中听到你自己的声音（很多父母的确听到了），那么你需要做出一些改变了。一位与我合作的家长告诉我，她对错误的第一反应是公开痛斥自己。她觉得这么做显得很有趣、很自嘲，然后她意识到这是在树立不健康的自我批评榜样。

在我们合作的过程中，她决定重新考虑当她在十几岁的女儿面前犯错时她的反应。"如果我们出发去学校前找不到钥匙，我不再会大声说我是个大白痴。"她告诉我，即使她暗地里依然这么想，"我会深呼吸，说我感到焦虑，但我不会痛骂自己。"

当黛安注意到女儿卷入了大学朋友的闹剧中时，她想知道女儿是不是太不宽容、太容易对同龄人发火。当母女俩在电话中交谈时，黛安特意讲述了自己当年是如何努力适应一位特别难相处的朋友的：这里面的难处，以及她从接受他人真实的样子中得到的收获。

与我合作的另一位家长担心女儿在痛苦挣扎时不愿寻求支持。这位母亲设定了一个目标，即在女儿面前寻求帮助。"我要请你姑妈来帮我照顾你的祖母，因为我一个人实在照顾不过来。"她对19岁的女儿说。她想让女儿知道，就算自己坚强能干，也可以去寻求帮助，以获得自己需要的东西。

青少年经常说觉得对自己的人生缺乏控制。当父母试图对女儿每天起起落落的状态做出反应时，他们往往也有相同的感受。选择一种特质来树立榜样可以让你在混乱中锚定自己并集中注意力。

示范脆弱感

在我每年都会前去进行工作的西海岸的一所学校，我注意到一位父亲经常出现在我的研讨班里，看上去忧心忡忡。他要求发言。"我想我和我妻子真的搞砸了。"他说。他们夫妇都是律师，都很成功。一天晚上，他们读高中的女儿因为在一次科学考试中得了C而伤心不已。他和妻子向她保证，这没什么关系，一次糟糕的成绩在整个人生规划中并不重要。那一刻他女儿开始发火了。

"她说：'你和妈妈做的一切都是对的。你们从不犯错。'"他对教室里的所有人说，"我不敢相信她会那样想。这绝对不是事实。我们经常把事情搞砸。"他和妻子认为，培养一个有能力的女儿最好的方法就是树立优秀的榜样。他们没有意识到，如果一直略过自己的挫折不提，就会导致女儿一旦遇到挫折就觉得事态严重。

我喜欢玛丽安·赖特·埃德尔曼（Marian Wright Edelman）的一句名言："你无法成为你看不见的人。"我们用这句话来号召少数族裔担任领导职务，这样远方的人可以得到激励，身边的人则可以获得指导。这句话同样适用于我们的挫折经历。如果没有人说自己曾经搞砸过，或者走错过方向，那么女孩们怎么会知道痛苦挣扎很正常呢？更重要的是，如果她们看不到周围有人在做这些事或谈论这些事，她们又怎么会知道在遇到这些事时，该如何继续前进呢？

当我们竭尽全力向女孩们展示成功的榜样，以及一条人为的、通向成功的笔直道路时，我们在不知不觉中加强了盘踞在太多女孩生活中的沉默和自我批评。我们使她们没有机会去建立内部架构以应对世界对她们提出的要求，而这些要求是她们不可避免会对自己提出的。只要她还活着，她就会看着你的脸问："这样可以吗？"但随着她的年龄增长，你可以用更多的东西来回答这个问题：用你亲身经历的、充满感染力的真实往事。

把握边界是必须的。我们讲的故事不应该太过火，以至于女儿觉得有必要反过来照顾我们。女孩们可以成为超乎寻常的好听众,而且尤其喜欢让我们去依靠她们。我们的目标是展示脆弱感,而不是易碎性,这样她既可以见到真实的你,又不会感到不适或反感。一旦确证了这种情感联系,知道她的父母仍然是她的父母,你女儿就会知道她并不孤单。这是你在黑暗时刻能送给她的最重要的礼物之一。

记住,在任何年龄发脾气都是使性子

当女孩们心烦意乱的时候,如果一个成年人问她这个问题,她们会由衷地感激:"你是想得到我的建议,还是想发泄一下?"让她自己做选择或许听起来很平凡,但这会让女孩觉得被人看到和理解了。不过,如果你想这样做,你最好乐意倾听。就像一个高中女生对我说的:"我妈妈分明说她只会听着,但过了一会儿她就说'你想听听我的意见吗?'"顺便说一句,我很同情那位母亲,但如果她继续这样下去,她的孩子就不会再把她当回事了。

当女孩们情绪激动时,对话可能会越线,进入一种无法继续的状况。许多父母告诉我,他们的女儿容易在过量作业引发的压力下崩溃,经常是在深夜里,或者是星期天晚上,往往是在一些作业的截止日期即将到来前。女孩们在愤怒、绝望和悲伤之间徘徊。她们不会对理性或温柔做出反应。她们会坚持说你不明白。她们伤心到无法慰藉。

就像蹒跚学步的小孩子发脾气,你绝不能加以纵容她发脾气。当你试图和处于那种状态的女孩谈判时,你是在鼓励她的行为。你是在告诉她,当她心烦意乱的时候,这种交流方式是可以接受的;不管她有什么行为表现,她都会得到你的支持。你还传达了这样的信息：她也应该纵容别人这样做。但事实是，她很可能正处在一种急剧增长的、自我憎恨的羞耻之中，哪怕她表现出来的方式是攻击你和所有其他人（或者是另一种极端：退缩）。不管出于什么原因，在这种状态下，她不可能有成效，也不可能有动力，但成效和动力才是她真正需要的。

发脾气就是使性子，不管年龄多大。处理这个问题的最好方式是给她独处的空间，直到她能够以礼貌和自控的方式与人交流。

你的女儿必须主要依靠自己去克服一些痛苦，但是你得在附近提供她所需要的支持。如果她能在尚未离开你的时候就做到这一点，你应该觉得自己很幸运（不过你不一定会这么觉得）。当我在大学生中展开工作时，我看到许多年轻女性都是在离家很远的地方第一次独自面对痛苦。相信我，比起有经验的人，任何人处在她们的境地都会觉得非常艰难。

没有人喜欢看着自己的孩子遭罪，特别是当你有一个年龄较大、口齿伶俐的女儿，能够以令人心碎的清晰的思维让你确切地知道她有多痛苦时。尽管作为父母可能很难面对这一点，但是当我们的孩子在任何年龄进行学习时，痛苦都起着关键作用。成年以后，我们懂得了，获得某些最重要的人生教训的代价就是痛苦，甚至是心碎，但它们让我们变得更有智慧、更坚强、更能干。如果在你养育孩子的过程中，孩子因为学习而感到痛苦始终不是一件能被公开接受的事情，这可不是什么好事情。

一个例外是颇具争议的睡眠训练，又称"哭泣免疫法"（cry it out）。据支持者说，如果婴儿每次哭闹时父母都拒绝立即去帮助他们，婴儿就能学会彻夜睡眠的"技能"。在开始睡眠训练之前，父母要确保他们的宝宝吃饱并给孩子换好尿布，这样他们就可以确信宝宝哭闹不是因为饥饿或尿布湿了。当宝宝哭闹时，父母应坐视不管。最终，宝宝会放弃哭闹，继续睡觉。这样，要不了多久，宝宝就能学会一觉睡到天亮。

现在，想象一下你已成年的年轻女儿发脾气时的情景。她需要学习一种你无法教她的新技能，即在压力中平静下来的能力，达到一种可以礼貌地与你进行互动的程度。你如何确保在让她自己解决问题的时候，她的基本需求已经得到满足了呢？你可以这样说："你这么痛苦我很难过。我非常理解你为什么会有这种感觉，我自己过去也经历过这些（如果事实的确如此）。我知道我无法确切明白你到底遇到了什么事，但我希望你知道我爱你，我愿意尽我所能支持你。而且（别说'但是'），当你处于这种状态时，我真的很难帮上忙。我要去我的房间休息一下，我很快就会回来看你的。"

然后你就离开。是真的离开，而不是站在门外等上十分钟。你可以深呼吸几下，打电话和朋友聊天，以度过这段时间。你还可以上网读一篇博客，喝几口酒。然后你回去，看看她怎么样了。重申你的同情，认可她面临的挑战，再给她送一点儿零食。

改变灾难化导向

一旦她能够冷静下来说话，接下来发生的往往是将情况灾难化，即期待发生可能发生的最糟糕的事情。"我这次考试会不及格。我会在这门课上拿到 B，然后就进不了 X 大学了。我这辈子完了。"她这样做有几个原因。首先，这是在她的朋友中普遍存在的一种失败语言，她们就是这样应对挫折并在此基础上建立情感纽带的。其次，当她夸大事情的可怕程度时，就更容易让自己远离真正发生的事情。她可以说"我永远进不了大学"，而不是

"我感到失望、焦虑和害怕,我得想办法在明天上课前读完20页书"。第一种说法可以让你脱离当下,考虑一些太遥远的、目前无法采取任何行动的事情。第二种说法则会迫使你做出一个具体的选择:我此刻需要做什么?

在"我这辈子完了"的哀歌背后还隐藏着一种想法,即这种事情不应该发生在我身上,我应该得到更好的结果,我一定还能更努力一些。在内心深处,许多高成就的女孩相信,只要她们足够勤奋,就应该能够得到她们想要的。这并不奇怪。很多人的父母和老师都一再告诉他们这一点。虽然有必要给女孩们灌输一种关于自我潜力的意识,但这也会扭曲她们对自己的期望,当她们没有达到自认为应该顺利达到的目标时,她们就会开始抓狂。

在作家谢莉尔·斯特雷德(Cheryl Strayed)广受欢迎的"亲爱的甜心"建议专栏中,她斥责了一位20多岁的、因焦虑而无法做任何事情的、抑郁的作家。"为什么我不能写作?"她问斯特雷德,"如果没人在意我写的东西呢?"斯特雷德没有给她打气,而是直话直说。"你厌恶自己,却被关于自身重要性的种种宏大想法所吞噬。"她在回信中写道,"你不是飞得太高,就是坠得太低,而太高太低都不是我们能取得成就的地方。我们的工作都是靠脚踏实地完成的。"

对于许多喜欢把事情灾难化的女孩来说,情况也是如此。她们有时情绪很低落,想象着最糟糕的结果,又经常飞得太高,期望自己达到完美。你的女儿需要你帮助她回到地面上。试着用正念回应她:专注于她的感觉和想法而不加评判。你可以和她进行两种正念对话。

第一种对话关注这个问题:现在正在发生什么?如果她说:"我这辈子完了。"你就要把谈话集中在你所观察到的她拥有的情感上:"我知道你现在很不知所措、很焦虑,对此我很难过。"你可以用自己的话解释你所听到的东西:"听起来你很担心自己是不是能进大学。"你可以表达同理心:"我完全理解你为什么会对此感到不安。"这种对话应该致力于让她不再夸大其词,但不要把你的目的直接说出来。

要坚守当下发生的一切:不要通过告诉她一切都会变好的来预测和展望未来,也不要回顾过去(是的,或许你本应该更勤奋些)。不要质疑她的感受(你干吗要为这事这么难过),也不要分析(你总是会这样)。不要试图用理性来开导她(看看你的GPA,你当然能进大学),不要否认她的感受,也不要轻描淡写。只要把会引发她歇斯底里的状态的感觉和想法说出来就行了。这样做是在训练她如何坚守真实的感觉和想法,而不是夸大(或否认)它们。

在第二种正念谈话中,你可以解决一个更棘手的问题:这种情况意味着什么?在这种谈话中,你可以帮助她合理地解释所发生的一切,而不必大惊小怪。你可以这样说:"是的,这次考试成绩可能会影响你最后的GPA,我明白你为什么担心这个。是的,这可能会使你难以进入那所学校,但不管怎么样,你都会进一所好学校的。是的,只是或许不是那所学校。"在任何情况下,你都不应该通过暗示你同意她的说法来纵容她将情况灾难化的做法。要帮助她面对现实,而不是扭曲现实。要帮助她脚踏实地。

跟所有时候一样,别指望她会拍着你的肩表示赞许。你可能会听到一声恼怒的"你就是不明白",这没什么。在这种谈话中,你在努力教她一些东西:压力是普遍存在的,而且相当恒定,重要的是我们如何应对它。你在告诉她,挫折与雄心壮志和进取心如影随形。我们对这些挫折的解读同样很重要。

如果她以全赢或全输的方式解读失败，并认为糟糕的分数意味着"我这辈子完了"，她就会让自己充满恐惧和羞耻感，从而使自己的能力短路，使自己无法继续留在这场游戏中。通过这些谈话，你可以帮助她以健康的方式理解她生活中发生的事情，但愿终有一天她会去模仿你，就像她蹒跚学步时那样。

提醒她问题的关键并不总是在于她

在一个种族主义、性别歧视和同性恋恐惧症猖獗的文化中，女孩们必须知道什么在她们的控制中，什么不在。这是适应力的一个关键组成部分。

在这里，父母可以借鉴她们的许多非洲裔美国同龄人的经历。很多代人以来，黑人儿童被培养得具有批判性种族意识，拥有应对偏见和歧视的思维框架，这有助于给他们接种"疫苗"，抵抗他们长大后几乎肯定会在社会中遇到的精神毒素。"我不会让你陷入自己的梦想不可自拔。"塔–尼希斯·科茨（Ta-Nehisi Coates）在《世界与我之间》（*Between the World and Me*）一书中写道："我希望你成为这个可怕而美丽的世界中的一个清醒的公民。"

黑人父母从孩子很小的时候就培养他们对种族主义和性别歧视文化的批判性眼光，从而让他们的孩子有能力应对残酷的刻板印象和轻视。黑人父母向孩子们灌输这样一个信息：他们所受到的差别待遇并不是他们的错，他们也并不比谁差；他们是值得尊重的，但他们成长于一个有问题的、不平等的文化中。

这种教养方式是非洲裔美国女孩与同龄人形成鲜明对比的原因之一。人们都知道青春期的女孩容易丧失自尊，但黑人的女儿失去的最少。研究一直显示黑人女孩比白人女孩有更高的自尊。

第9章 我们无法给孩子自己没有的东西

她们在所有年轻人群体中是最有领导者抱负的，这种趋势一直延续到成年。

夏洛特·雅各布斯博士在她的研究中发现，黑人父母不仅通过提醒女儿警惕种族歧视来保护她们，而且还通过增强她们作为黑人女孩的自尊和自信来保护她们。雷妮是一所以白人为主的学校的高三学生，她告诉雅各布斯，她母亲经常告诉她要"坚持你的想法，忠实于你自己"。在告诉雅各布斯一些同龄人对她的批评后，雷妮补充道："我本来的样子就很好。我有支持者，而且我知道我有朋友。即使我没有得到所有人的认可也没关系，因为你知道我就是——我就是这样的。"

告诉女孩们不是所有问题都可以得到解决，（目前）有些制度可能超出了她们可以解决的范围，这可以让她们的心灵获得解放。在我造访了俄亥俄州的一所学校后，助理校长打电话给我，分享学生们从我的研讨班中得到的最大收获，她的话让我印象深刻。"你告诉她们，所有那些有害的压力和为进入大学做出的疯狂尝试并不是她们的错，她们不需要靠修复自己来应对这一切。"她说，"这对她们意义重大。我能看出她们后来感觉轻松多了。"

练习自我调节

心理学家劳伦斯·斯坦伯格（Laurence Steinberg）在《机遇的时代》（*Age of Opportunity*）一书中提出，青春期的核心任务是学会"自我调节"，即控制冲动，以实现自己的目标。驻校心理学家玛丽莎·拉杜卡·克兰德尔（Marisa LaDuca Crandall）博士说，青少年的父母迫切需要同样的技能。她说，学会不公开回应女儿面临的每一个挑战是"最难做的事，作为家长，你有各种焦虑，关于你做了什么和你没做什么，你希望孩子做什么或不做什么，以及担心如果他们做错了一件事会发生什么，你承受了很重的心理负担。你会想象可怕的灾难，担心他们会死在河边的一辆面包车里"。

焦虑情绪会在家人中传染。两名研究人员训练那些没有焦虑症的母亲，让她们在陌生人出现时，在自己蹒跚学步的孩子面前，要么表现得很冷静，要么表现得很担心。在看到母亲焦虑的行为后，这些宝宝变得很害怕，并且会回避陌生人。让儿童和成人产生焦虑的原因五花八门，比如基因、天生的气质或是心理创伤，但示范作用也很重要。

琳·莱昂斯（Lynn Lyons）在《焦虑的孩子，焦虑的父母》（*Anxious Kids, Anxious Parents*）一书中写道，我们的目标不是铲除焦虑，而是"防止焦虑的恐惧支配我们的家人"。莱昂斯写道，焦虑是对确定性和舒适性需求的一种回应。她说，问题在于，焦虑"希望这两种结果立即并且持续出现"，迫使我们尽一切努力消除让我们感到失控的因素。

养育子女绝对是一段充满持续的、无法预料的变化的漫长旅程。从本质上说，孩子们的每一个转折点都会激发不确定性。他们会成为怎样的人？想象一下孩子差点儿弄翻一杯牛奶，或是把作业本忘在了餐桌上。我们看到这些，不禁要问：对我的孩子来说，这意味着什么？要安抚自己很容易。我们只需去扶住牛奶杯、把作业本送到学校。在孩子小的时候我们很容易放纵自己的这种冲动。

当作业本第二次被忘在餐桌上，然后是第三次，在老师发来一封电子邮件之后，更多引发恐惧的问题就会出现。一个全局性的问题浮出水面：这说明我的孩子的性格、潜力和未来是怎样的？

当我们的女儿长大，问题也会改变。如果她是家中第一代大学生，学业上的一次挫折可能带来一个问题："如果她大学无法毕业呢？"你可能会想："这意味着她在人生中取得成功的潜力如何？"当女儿搬到一座新城市并且在交朋友方面遇到了困难，你可能会想："这说明她在社交技能方面怎么样？"很快，"万一"型问题就来了："万一别人不喜欢她呢？"然后是"悔不当初"型问题："当初我为什么不为她安排更多的玩伴呢？我是不是本应该强迫她去参加夏令营？"

在一个关于应对父母担忧心理的研讨班上，我请参与者与我分享他们对女儿的一些全局性恐惧。他们的担忧深刻而悲伤。以下是他们即兴完成的一些"万一我的女儿……"问句。

……在她的爱好方面做得不成功呢？

……生活在恐惧和不安全感中并且畏缩不前呢？

……是学业上的后进生呢？

……没有能力应对自我决策带来的压力呢？

……半途而废是因为她在面对困难的任务时容易气馁呢？

……真的让其他女孩讨厌呢？

对许多父母而言，这些问题就是一块跳板，让他们跃入一种既痛苦不堪又充满自我批评的思维："这说明作为她的父母的我是怎样一个人？"以下是父母们和我分享的"万一我……"问句。

……太没耐心去帮助她并且多虑了呢？

……让我的孩子产生依赖性而且不允许她失败呢？

……无法让她感觉好点呢？

……太严格、太刻薄了，使她未来成为一名顺从型女性呢？

……助长了她的消极行为呢？

……不知道正确答案呢？

……自卑呢？

……吼得太多以至于她听不进去呢？

难怪父母会陷入痛苦挣扎中。对未知事物的螺旋式思考会引发对确定性的需求，这种需求是如此令人不适、如此强烈，以至于它必须被满足。

父母该如何消除这种不确定性？答案是：通过代替女儿处理问题解决并消除烦恼，把作业本送到学校；通过发脾气把焦虑作为愤怒释放出来，对她大喊大叫；或是通过退缩陷入静默的否认或羞耻感中。我们之所以会这样做（这三件事我全部做过），是因为我们已经无计可施，是因为我们想保护我们的女儿，或者是因为我们想让自己冷静下来。

在这样做的同时，我们是在给自己的女儿投不信任票。"它把我们的思维从'事实是什么'带入'如果是什么'或'应该是什么'中。"谢法利·察巴里（Shefali Tsabary）博士在《觉醒的家庭》(*The Awakened Family*) 一书中写道，"我们偏离了孩子们的自然存在方式，把我们的条件、信念和恐惧强加给他们。"我们在传递这样的信息：我们不相信他们能自己处理好事情，而且他们关于自己的恐惧是正确的。

下一次，当这样的恐惧攫住你时，问自己三个问题。

1. 对于她来说，现在掌握这种特定技能（或达到一定的水平）有多重要？

2. 现在不具备这项技能会不会影响到她发展和茁壮成长的整体潜力？

3. 为什么对我来说她拥有这项技能以及达到这种熟练程度如此重要？

在我为人父母的过程中，这些问题让我得以脚踏实地。它们帮助我把恐惧与事实剥离开，让我不再时刻紧盯我的女儿。它们迫使我停下来反思我真正想要她获得什么样的成功，什么是"发展和茁壮成长"，以及我女儿是否像我一样想要或需要某样东西。

这些问题让我坐下来，扪心自问："这件事值得让你们两个都为之疯狂吗？它在你们人生的蓝图中重要吗？"这么做的目的不是让你走开或停止尽父母的职责，而是要你退一步，谨慎行事，审视自己，并记住我们的焦虑甚至会给外表最冷漠的青少年留下深刻的印象。察巴里写道："恐惧导致我们在为人父母的过程中，莫名其妙地制造出与我们的目标完全相悖的结果。"作为父母，在你的人生旅途中，曾有过无数次短暂的中断或耽搁，最后以船到桥头自然直或是四两拨千斤的方式解决了问题。这次会不会也是其中之一？

教会女孩泰然应对不确定性

女孩们需要父母树立榜样，去接受双方都没有答案的状况。她们必须懂得，我们不需要逃避不确定性，不确定性是生活中很正常的一部分，哪怕它令人感到不适。

要做到这一点，一种方法是避免许下你无法兑现的诺言。如果你不能百分百确定某种情况会发生，就不要保证它会发生。空许诺可能会让她在短期内平静下来，却会使她无法练习两项至关重要的人生技能：第一，认清生活中有很多事情不是她能控制的；第二，接受有些事情的答案她不可能立刻就知道。她需要听到你说"我不知道答案"，并且看到你对未知状态保持平静。

对父母来说，最难受的感觉之一就是自己的女儿相信生活将永远保持不变。你不知道接下来会发生什么，但你可以告诉她情况总会发生变化的。作为她的父母，接受不确定性就意味着要时刻记住（为了她也为了你自己），这一刻终将过去。她是不会始终这样想的。

当父母在某种教养挑战面前感到越来越焦虑时，我会教他们问自己一个问题："如果我不为她感到害怕，我会怎么做呢？"也就是说，如果我知道不管我女儿经历了什么事，她最终都会好起来，那么此时此刻我会说些什么话、做些什么事呢？

经过这一问，父母们的策略几乎全都当场改变了。这个问题让家长们从长期的忧虑和对未来的破坏性消极思考中解脱出来，为开放和乐观的态度留出了空间。他们可以和女儿共度此时此刻，而不是被自己的恐惧所劫持。

在出现不确定性的时刻，坚持那些可以锚定你的情绪的习惯，发挥你既有的控制力，准备一顿她喜欢吃的饭菜（吃饭时不要谈论任何有压力的事情），在一起做些有趣的事。如果她需要，就给她一个心理健康日。

养育你拥有的女儿，而不是你希望拥有的女儿

有些父母的雄心壮志超过了自己的孩子，他们会对学校拒绝其女儿修读某个荣誉课程的决定提出异议，坚持认为自己的孩子受到了不公平的对待。如果一个女孩的父母宣称全世界都不明白她有多了不起，这并不会让她感到被尊重或者被爱，这只会让她怀疑父母认为她还不够好，以及她必须能够做到以她目前的能力似乎还做不到的事。这变成了一种间接的父母批评：他们不批评女孩，而是批评她周围的所有人。

苏妮亚·卢瑟和巴里·施瓦茨博士写道，结果就是，青少年相

信,要让父母感到骄傲,她们就必须成为明星。"孩子们开始觉得,在任何事情上失败都会严重削弱父母对她们的接受和尊重程度。"

知道如何以及何时批评女儿不只是一门科学,也是你作为父母的权利。话虽如此,十多年来对高成就年轻人的研究表明,经常因失败而受到父母批评的孩子总是表现出适应问题,如抑郁、焦虑、药物滥用和犯罪行为。卢瑟表明,当青少年认为他们的父母过分看重他们的成功,而不是像善良和懂得尊重这样的性格特征时,他们的症状就更加明显。

艾米丽的母亲事无巨细地管理着她的学校教育。她经常打开女儿的书包整理散乱的纸张。从高一开始,她母亲就设计了一个两年计划,涵盖了艾米丽进入西点军校需要做的一切,但是艾米丽对这所学校只表示过转瞬即逝的兴趣。两人经常为艾米丽是否认真而争吵。艾米丽在东北部地区的严冬中陷入抑郁症。当她生气时,就用小刀去划厚实的海绵椅子。

当我问艾米丽,和妈妈吵架是否会对她产生不良影响时,她的回答很能说明问题。"我想我必须为我的妈妈、我的学校或任何什么人做(所有这些事情),但我从来没有说过'我必须做这个,因为我想做这个,我希望从这件事中感受到成就感'。现实就是,我必须这样做,因为只有这样我的妈妈才不会对我大喊大叫。"

不断的争吵使艾米丽觉得没有人在意真实的自己。"她对我的言行比我自己更认真。"艾米丽告诉我。她说,这种感觉"就好像我是我自己眼中的一个笑话。这多少有辱我的人格,让我觉得自己不够认真,不理解现实世界中(生活是怎样的)。让我觉得自己太幼稚了。"

校准父母的期望值就像一种调谐工作,涉及父母如何仔细倾听并回应孩子给出的暗示。调谐可以让孩子知道你已认识到她的独特需求，并对她做出了回应。健康的依恋感为人际关系中的信任、同理心和理解奠定了基础，这包括你与她之间的关系以及她今后与他人的关系。当调谐被破坏或变得不可靠时，依恋感也会如此。当调谐被附加了条件时，焦虑感就会增加。孩子们可能会改变他们的行为，但这只是为了赢回情感联系。

当你的女儿处在一个高成就环境中时，调谐是很不容易做到的。假设你的女儿回家后说，她只要再上一门 AP 课程或担任一个领导职务，她的简历就完美了。她可能会说，多一项资历总不是坏事，我能应付得过来。这时候你很容易让步，哪怕你认为她会失去平衡。

这是一种长久存在的两难境地：父母希望女儿放松，但也希望她们能跟上同龄人的步伐。也有人说，女儿的压力是她自己造成的，他们会说"我没有让她这么努力学习"。然而，在 2016 年的一项研究中，蕾妮·斯宾塞（Renee Spencer）和她的同事发现，这些父母中的许多人承认，他们会向自己施加压力，为孩子提供"最好的条件"，以便孩子能够去追求成功。

我花了很多时间和全国各地的父母讨论如何在这个大漩涡中支持他们的女儿。最难回答的问题之一是："我不忍心让她承受那么大的压力。我讨厌这样。我不知道该怎么办。现在我怎样才能帮助她茁壮成长？"

这个问题总是会让我犹豫。我感觉到，家长希望我说，他们不该对女儿所面对的挑战负责任，该负责任的是文化、体制、学校。我很明白。谁不希望自己的孩子拥有人生中最好的机会？为什么作为家长要因为怀抱这种希望而感到内疚呢？

一个家庭做出的选择反映了它的优先考虑项。正如一对夫妇选择定居在某个郊区或城市往往能反映他们的职业抱负一样，选择让女儿就读于一所昂贵的学校可能表明这个家庭希望让女儿在某些特定的方面具有竞争力。

但这并不代表一切已成定局。事实上，有很多方法可以保护你的孩子免受高成就环境中最有害的元素的伤害。鉴于父母经常间接地传递他们的价值观，心理学家已经开始研究孩子们对父母的价值观的看法，不管父母对此是怎么说的。例如，一位家长可能会说，对他人的友善是最重要的，但他的行为却表明他将注意力集中在高成就和高地位上。研究人员说，这会让孩子们知道，他更看重后面这些特质。

去年，卢西亚·西西奥拉及其同事发表了一项研究。他们研究了500多名在以白人为主的中上阶层学校就读的中学生是如何看待父母的价值观的。他们发现，当孩子们相信父母对成就的"重视程度较低"时，他们就始终表现得比较健康。而当孩子们认为父母看重的是成就而不是友善时，他们就会出现功能下降问题；他们的调整适应问题包括从发泄不满和学习困难，到自卑、违法行为、攻击性和焦虑等方面。那么谁是表现最好的孩子呢？是那些认为自己的父母对善良和成就一视同仁或最重视善良的孩子。

必须指出，强调成就并不是问题。只有当对成功的专注伴随着强烈的批评，或者当这种专注打败了善良和情感联系等价值观时，它才会成为问题。事实上，这项研究发现，强调成就的父母往往对自己的孩子很挑剔，有时甚至很严厉，这导致女孩出现焦虑和抑郁的症状。

值得注意的是，研究人员发现，当父母不太关注成就时，孩子的学习成绩并不会受到影响。事实上，情况与预期恰恰相反：这些孩子的成绩和教师评分都高于哪怕只有一位家长"过度"看重成就的孩子。

你已足够好

《纽约时报》专栏作家弗兰克·布鲁尼（Frank Bruni）写了一本关于大学入学热潮的书，叫作《你上哪所大学不能决定你成为什么人》(*Where You Go Is Not Who You'll Be*)。对此我还要补充一点：她去哪里，或者不去哪里，都不能决定你作为她的家长会成为什么人。如果你相信她的成功或失败不是对她的价值或潜力的全民公投，那你就必须遵照同样的逻辑评估你自己和你的养育方式。

在一个关于帮助女孩应对大学焦虑症的养育方式研讨班上，我把爸爸们和妈妈们分成两组，然后让他们做我在第一章中描述的"我喜欢……"练习。每个人都有60秒钟时间可以不被打断地分享他们所喜欢的关于女儿的一切。这些感想是这样的："我喜欢她的幽默感。我喜欢她在屋子里走来走去嘴里哼着歌的样子。我喜欢她对待祖母的方式。"我又问这些父母，有多少人说出了一种可以让他们的孩子上大学的品质？答案是零。

你女儿之所以成为现在的模样，很大程度上是因为你在培养她时采用的价值观。要相信你给予她的信念。我们会与其他父母进行竞争和比较，部分原因是我们质疑或忽视了我们的价值观。当我们与这个指南针失去联系时，我们就失去了方向感和镇定感。当你每天都要面对最新的GPA和考试分数的攻击时，你很容易忽视什么才是最重要的。当你质疑自己是否足够好时，这距离你对你的女儿做同样的事情只有一步之遥。但她需要你告诉她，抛开她的成就不谈，她现在已经足够好了。没有人比你更了解她有多么好。

ENOUGH
AS SHE IS
第 10 章

毕业季的耳光：大学毕业后的生活

> 如果不是为了升入另一所学校或另一个年级，我该如何思考是什么让我快乐，我想在哪里成长，以及我想成为什么样的人？
> ——菲斯，25 岁

在大学毕业的那一天，一名年轻女性将面对大学申请产业综合体规则的彻底颠覆。在那之前，如果她想取得成功，有一条明确的道路可以遵循。只要她上了那个班，参加了这个社区服务项目，写了这样的文章，或者申请了那个实习，她的简历就会很好看，她的生活也会很顺利。

"路"是至关重要的。有时候，她是什么样的人并没有比她正在做什么重要。她得到的信息，无论是明确的还是暗示性的，就是如果她没有做正确的事情，以便能够勾选她简历上的某些方框，她就将在一场其他人都知道该如何获胜的比赛中落败。教授、家长和职业发展顾问都警告说，偏离正轨可能会导致人生不充实、不快乐,这加剧了人们对这条"路"的追求。

这种以"路"为中心的生活方式会带来某种安慰。女孩的目标是已经确定好的。她可以通过观察自己的成绩、实习、工作和活动的积累,以一种有形的方式来衡量自己。每当她做了正确的事情,她都会收到即时反馈。

但也有一些东西或许是这条"路"不能给她的:泰然面对不确定性的能力;面对多种难以舍弃的选择做出正确决定的能力;探索这个需要拥有支付电费账单等基本技能的世界的时间;在自己的表现得不到持续反馈的情况下工作的实践机会;从事初级工作,如接电话和准备咖啡等的谦逊心态;接受严峻现实的勇气,知道她所迈出的每一步并非都是有价值的,有时她将不得不做出令人难受的、看似吃力不讨好的临时举措,或是找到通向下一个更好的地方的垫脚石。

在大四的时候,警报声响起,25岁的亚利雅称之为"毕业季的耳光":在那一刻,你意识到你所熟悉的"路"即将走到尽头。各种问题涌现在女孩们的脑海里:我找不到工作该怎么办?如果我的工作没有给我带来我希望的结果呢?如果我讨厌读研究生呢?如果我做出了错误的选择呢?为什么我感到不知所措?问题的涌现并不是因为无路可走,而是因为这些女性希望只有一条路可走。不确定性本应该引起好奇心和反思,但在这里,它引发了恐惧。

这些女性的焦虑情绪高涨,但谁能责怪她们呢?很多人在学生和毕业生们所说的"泡泡"中度过了过去的四年,甚至她们的一生。27岁的莎伦告诉我:"你活在这个小泡泡中,认为世界是单向的,所有东西都在那里,都是可以得到的,一切都是为你安排好的。"也许你有一个用餐计划,也许你住在校园里,也许你从来没有真正为自己制定过日程表,可现在,22岁的摩根说,"你必须与房东、天然气公司和雇主打交道,突然间,你就在外面的世界了,得靠自己了"。

对于那些在资源匮乏的环境中长大的女孩来说,大学毕业后的生活可能会使她们的命运彻底改变。布丽安娜自己支付学费并以优秀毕业生的身份毕业于一所公立大学,GPA为3.8。她曾在学生会任职,在一家私人研究实验室工作过,还做过家教。毕业后没几天,她就在打扫酒店房间和住所、照顾90岁的患痴呆症的祖母了。她对我说:"你本以为你成绩斐然,完成了所有目标,结果生活把你丢回现实,你又回到了家中。你无法去宿舍楼里的职业服务人员那里咨询下一步该做什么。你只能靠自己,你会感觉自己被卡住了,不知所措。"

还记得歪心狼⊖(Wile E. Coyote)吗?当我听年轻女性描述她们大学毕业后第一年的生活时,我仿佛看到歪心狼从悬崖上滑下来,窘迫地悬在半空中,上不着天下不着地,停顿片刻之后,轰然坠地。

"当你找到工作、搬出父母家之后,你就只能过这种没有任何选项或分数的生活。这就是你的生活。"22岁的马蒂告诉我,"现在我得决定什么时候换个新工作,或者重新考虑我正在做的事情。"但是,要想清楚下一步该怎么走是一项艰巨的任务,不是吗?因为你一直在走一条给定的道路,从不必真正去开拓自己的道路。

是否会犯错误并不是问题,重要的是你如何把错误放在一起加以解读,这会造成很大区别。当事情没有按计划进行时,有太

⊖ 美国动画片里的角色,一只狡猾的郊狼。——译者注

多的女性会做出"我不够好"的第一反应。她们会陷入自责中。"所有我以为会成功的事情最后都出错了，所有事情。"23岁的贾丝敏告诉我，"我发现自己对此毫无准备，这非常令人不安，就像我做错了什么一样。"她们把大学毕业后生活中不可避免的、每天都会发生的起起落落解读为个人失败。

作为父母，你的首要任务是告诉你的女儿，不确定性、错误的选择和错误的转向，所有这些都将成为她今后5～7年的生活中的标记。她面对的现实既可怕又具有解放性。如果她仅仅是工作足够努力，那么她仍无法控制这些。她的发展任务就是熬过二十多岁这段灰色的、悬而未决的沼泽期。她不应该什么都知道，她理应非常笨拙。你的任务是始终和她在一起，不要让她自惭形秽，并不断提醒她，从一个一切都计划得井井有条的世界（大学）进入一个截然不同的世界中生活会是多么艰难。

你必须向她保证，她慢慢会找到办法并最终到达目的地的，总有一天，她会回首过去，并意识到现在走的每一步都在让她更接近她需要去的地方。

"为什么事先没人警告我？"她会问。事实是没有人真的可以警告她。就像做父母一样，一个人无法为投身"现实世界"做很多准备工作。她必须这么做，就像你成为她的父母时那样，带着所有的错误、自我怀疑，以及为人父母给你带来的意外的快乐和胜利感。对于今天的年轻人来说，这段旅程比以往任何时候都更加不确定。

在几十年前，年轻人大多数在20多岁时就确切地知道他们在人生中会拥有什么：婚姻、孩子和稳定的长期工作。劳伦斯·斯坦伯格（Laurence Steinberg）写道："如今的青春期比人类历史上任何时候的青春期都要长。"今天，20多岁的人不像上一代人那样受配偶和孩子的束缚，心理学家称他们为"将立未立的成年人"，这一新概念被用来描述这一独特的发展阶段。

就像为人父母一样，"现实世界"一开始可能享有一种神话般的地位，但实践证明这是不真实的。一些女孩进入大学时期待着"人生中最美好的四年"，结果却发现，大学生活并非如此。也有人梦想大学毕业后的生活会充满自由和探索，结果却大失所望。他们发现，尽管他们努力满足合同的要求，废寝忘食并取得了好成绩，但他们还是很悲惨地被大学毕业后那些没有按计划完成或彻底失败的工作给出卖了。

对你和你的女儿而言，这是一个苦乐参半的时刻。对你们俩来说，恐惧和自由会随着独立一同到来。贾丝敏非常简洁地描述了这一两难的困境："我觉得自己被赋予了权力，因为我已经是一个能掌控自己的人生的成年人了。但同时，这真的很可怕，因为这意味着我要对自己的生活负全部责任。"

几乎每件事的成功标准都改变了。"如果不是为了升入另一所学校或另一个年级，"25岁的菲斯说，"我该如何思考是什么让我快乐，我想在哪里成长，以及我想成为什么样的人？"你需要意识到你女儿所面临的巨大变化，这样你才能帮助她从大学中过渡出来，接受所谓的"现实世界"的挑战。

大学毕业后的生活从不会沿一条直线展开

在本书中，女孩们自始至终呈现出一种分裂的工作心态：她们专注于当下正在做的任何事情，同时又牢记下一步要做的事情。这是一种多任务操作策略，没错，但它也会让人养成一种习惯，即任何时候都需要知道下一步该做什么。这是将"知道下一步该做什么"等同于控制权和有效性了。

认为自己应该时刻知道下一步该做什么,也就意味着你认为每一步都会与下一步无缝衔接,而且你应该确切"知道"这些步骤是什么。这种逻辑在毕业后不再有效。如果知道下一步是什么对你女儿来说变得至关重要,她就可能强迫自己做出一些并不能反映她真正想要什么或准备好做什么的决定。在短期内,这么做可能让人感觉得到了安慰,但长远来看,这可能会造成一个代价高昂的烂摊子。

"我应该知道下一步是什么"的假设中隐含着这样一种信念:女孩们应该以完全成熟的姿态离开大学,就像雅典娜全副武装地从宙斯的脑袋里跳出来那样,已经准备好投入战斗。"我原以为我们应该在大学里培养自己的身份感,这样我们就可以进入现实世界了。"菲斯告诉我。按照这个逻辑,如果一个女孩在大四时还没有想清楚自己的人生道路,那就是她的错。在最好的情况下,这会让女性充满自责,在最坏的情况下,这会让她不愿寻求支持。

伊莎贝尔因为需要通过母校校友的关系找工作而感到尴尬。她告诉我:"我本以为我一申请就会被录用的。我有很好的工作心态,我训练有素,我已经准备好了,所以我应该可以做到这一点。"

所有这些都会吓跑女性,使她们不敢采取不确定的步骤。"我发现,因为有各种未知事物存在,所以人们开启(新的)生活的意愿越来越弱。"史密斯学院拉扎鲁斯职业发展中心主任斯泰西·哈根博(Stacie Hagenbaugh)说,"这一代人认为,'除非我拥有那份工作,除非这是一个有把握的跳槽机会,否则我就不会尝试'。"例如,如今的新毕业生不会先搬到一座城市去,然后再找工作,即使住在那个地方增加了她们被雇用的概率。

有些人恐惧得连职业服务办公室都不敢进。"她们被困在悬崖边上。"哈根博说,"很多人直接放弃了。她们被未知事物、恐惧感和不知道下一步该怎么走击垮了。"在这里,同情至关重要。"一直以来,她们的程序被过度设计了。"哈根博格补充道,这与我采访过的许多高等教育专业人士的评论如出一辙,"一切都已经为她们设计好了,她们总是知道接下来会发生什么。"

你的女儿需要听你讲述在你生命中的某些时刻,你是如何在不知道结果的情况下进到一个灰色空间中的。

你要让她知道,恐惧绝非不作为的理由。如果事情发展得不顺利,你会在情感上支持她。如果她需要搬回家住一段时间,那应该是出于正当的理由,如她需要时间思考、存一些钱、从过度劳累状态中恢复。家不应该成为替你对抗不确定性的存在。回家不应该成为一种逃避方式,让她可以不去锻炼应对未知事物的技能。

每一步都会在某些方面是好的,但几乎从不会在所有方面都是好的

高成就女孩对自己的第一份工作的幻想与浪漫的神话故事非常相似。在迪士尼世界和浪漫的喜剧片里,真爱就是一见钟情并且至死不渝。一些女孩认为,第一份工作也应该是这样的。

不妨给她一点逆耳的忠言暗示,因为她的第一份工作几乎绝不可能是这样的。就像她在找到王子或公主之前要吻很多青蛙一样,她也得做很多让她感到无法满足、无法承受、无聊之极、完全不适合她的工作,并面对更换工作时要应对的一切。这不是她的错。这就是成年人的生活现实。生活就是会把令人意想不到的

曲线球抛给我们。有时候实在没什么可多说的。

这一切对你的女儿来说之所以如此艰难，是因为在大学里，她走的每一步似乎都有明确的价值。当我和在工作中苦苦挣扎的年轻女性交谈时，许多人都问错了问题。她们想知道"为什么这份工作不能满足我的需要？我哪里做错了"，但是她们需要问的其实是下面这些问题：我怎样才能通过这份工作走到我下一步想去的地方？关于我想要的和不想要的，这份工作让我明白了什么？

如果要继续用一个浪漫的类比来形容，那就是在心碎时分，我们会知道自己真正想要和需要什么。令人厌恶的工作也是如此。正如要求你的伴侣完美无缺是一种不合理的期望一样，没有任何工作能满足我们的所有需求。仅仅因为看似不够"恰到好处"而放弃一个机会，可能意味着你放弃了很多机会，或者错过了一个相当好的机会。在你20岁出头的时候，"相当好"的意思就是好得没话说。

这并不是说你的女儿应该坚守一份让她很痛苦的工作，而是说当她在一座新城市里申请工作时，不妨尝试着先赚些钱，或者找一份只能满足她部分而不是全部要求的工作。这可能意味着要接受一种世界观，即不能总是把结果和目的地放在每张列表的首位，而是要从旅行的角度理解人生道路。这是一条曲折的道路，完全可能让人受伤，但她必须相信这条路将带她去她需要去的地方。

摩根放弃了一份在美国兵团的工作，选择了一份很快就让她后悔不迭的保姆工作。一开始，她因为做了错误的决定而自责，随着时间推移，她意识到这次失误教会了她很多她原先不知道自己必须懂得的道理：如何更多地基于逻辑而不是情感做出决定；在进行选择时必须对自己高度诚实；学会在撰写富有挑战性的求职信时向他人求助；以及接受以下现实——有时候你必须做出牺牲才能达到你的目的。这意味着有时候你无法得到你想要的。你将要做一些不是特别吸引人的工作，但它们可以让你做好准备，去做你想做的事情。

在购买房屋时，房地产专家会建议你列出三样你想在一个新家里拥有的东西，即你在生活中不能（或不想）没有的东西。这里也有一个很有用的问题：你希望从工作中获得的最重要的三样东西是什么？

我问了艾比这个问题，她是一名22岁的经济学专业大四学生、越野赛跑运动员，也是我的临时保姆之一。当时我们正带着我的狗一起在冰冷的新英格兰树林里跑步，她喘了一会儿气，然后说："我想待在我的朋友附近，无论是高中朋友还是大学朋友。我想做一些与环境有关的事情，我还想做一些能直接影响到人们生活的事情，比如为人们寻找住处。"她的标准很合理：没有具体到只有几份工作可以做，也没有宽泛到任何工作都不可能让她满意。这个问题要求你专注思考对你而言什么最重要，同时也清楚地表明，没有任何一份工作，就像没有任何一所房子，能够为任何人提供他想要的一切。

从性别歧视到种族主义，职场中充满了无法控制的变数

在高中和大学里，勤奋上进的年轻女性对自己的生活有着很强的控制力。她们可以决定自己工作或学习得多努力，而且大多数人都在一个（想必是）由精英管理的系统中，在这里，努力和智慧理所当然会以可预测的方式得到回报。

但在"现实世界"中，无论多聪明、多努力，都无法让哪怕是最成功的女人避开她无法控制要发生的事情。23岁的贾丝敏被

一位大学理事招募到华盛顿从事公关工作，面试过程中充满了危险信号，但贾丝敏没有放弃。不到三个月，她就被老板欺负了，老板说："我知道你认为自己比所有人都了不起，因为你的教育背景，但你并不是。"

贾丝敏是非洲裔美国人，她认为老板对待她的态度带有种族主义色彩。她什么都不敢说。最后，她鼓起勇气离职了。当时她除了父母的祝福之外一无所有，各种贷款的还款期限也即将到来。她开始去上课，以获得学生身份，并得到了一个实习机会，最终借此在白宫找到了一份工作。

如果贾丝敏不相信自己能够控制这些变量，她就可能永远不会放弃第一份工作。"如果我留在那里，或是对老板的贬低忍气吞声，我就永远不会在这里（白宫）。"

牵手的日子结束了

在大学里，你的女儿会通过考试或写论文展现出她最好的自我，教授们也会迅速给予反馈。摩根告诉我，在学校里，如果她申请什么没有成功，教授们"至少会主动跟她联系说'嗨，你没入选，对不起'。"

在外面的就业市场上，积极的肯定不复存在，牵手也是一样。艾莉莎以优异的成绩毕业于新英格兰的一所大学，获得了美国研究专业的学位。她在毕业典礼上发言并唱国歌。"这是（大学里）至高无上的成就。"她边喝咖啡边对我说，"我确信雇主看到我的简历后绝不可能拒绝我。我真的认为我可以做任何事。"

她把一份又一份简历寄出去，它们全都石沉大海。几个月过去了，她的希望和自负都在削弱。"我在想，我学的专业在这个世界上有任何价值吗?"她说。

在"现实世界"中,简历和电话都可能遭遇令人崩溃的寂静。你自荐去工作,但是"别人根本不理你",伊莎贝尔说,"他们一点儿反应都没有。"

伊莎贝尔在提交简历后会强迫性地刷新电子邮件。她竭力抵抗日益增长的恐惧,害怕这是自己的错,害怕自己是一个失败者。持续不断的拒绝或沉默让人很难坚持自我推销,而这是一名成功的申请者所必须做的。"在(大学里)积累了那么多好东西,最后却很难自信地谈论它们,尤其是在它们什么都不算时。"菲斯说。把这种拒绝形容为"令人崩溃"的年轻女性多到我数都数不过来。

就业市场的拒绝迫使人们反思年轻女性赋予自己价值的方式。多年来,分数和成绩是衡量价值的有形指标,就像"点赞"数成为衡量在社交媒体上受欢迎程度的具体指标一样。当数字消失时,一种获得满足感和自我价值感的途径也随之消失。"我们痴迷于通过成绩获得成功,当成绩消失时,我们的内心中没有东西可以支撑我们。"菲斯说。

摩根和伊莎贝尔都努力提醒自己,无论别人对她们的申请做出什么反应,她们都有着自己的价值。伊莎贝尔会试着大声说:"这不是我的错。"当她发现自己渴望得到肯定时,她会向家人寻求帮助。摩根则致力于内在的自我肯定,从而理解为什么自己现在这样已经足够好了。"你必须让自己保持这种感觉——我仍然是一个很棒的人,有很大的价值。"她对我说,"在某种意义上,在学校里你就不必这么做,因为总是有人牵着你的手。"

塔拉·莫尔在《志怀高远》(*Playing Big*)一书中告诉女性,要把他人的反馈视为关于反馈者本人的信息,而不是对你的工作或你本人的定义性陈述。同样的道理也适用于从某次工作咨询中得到的"反馈"。伊莎贝尔对我说,当你没有得到回音时,"你最好去思考那位招聘者的特定需求,而不是你能给他带来什么,不然你会觉得你在外面的世界中百无一用"。

再出色也得端咖啡和接电话

年长者对年轻人的职业道德颇有微词,后者经常被贴上自视甚高、不愿做分内事、傲慢自大等标签。他们不肯接受初级职位。他们给人的感觉是"我已经非常努力了,我已经做了所有这些事情,我不应该再去接电话,我不应该再去做行政助理该做的事",一位大学职业服务中心的主任如是说。

我承认我自己亲眼见到过这种情况。在为我与合作伙伴共同创办的一家非营利机构进行招聘时,我对收到的求职信中的高傲语气感到惊讶。那么多怀揣着墨迹未干的学位证书的22岁的学生自称"社会学家"。当我读完描述应聘者丰富的经验和专业知识的求职信时,我会以为这些求职信是已经大学毕业20年的应聘者写的。

其实任何人都不应该对此感到惊讶。这一代年轻人被迫将自己包装在日益完美的外壳中,美化自己的简历,尽可能让自己看起来卓越不凡、出类拔萃、值得被录用。他们被用心良苦的父母、大学辅导员和职业服务中心逼着这么做。那么,他们毕业后期望做更多的事、成为更优秀的人有什么奇怪?如果有人告诉你要把自己塑造成周围最杰出的人,那么你为什么要去干一份只需要整理文件、接电话和做会议笔记的工作呢?

当一名年轻女性得到她的第一份工作时,她可能是缺乏谦卑心的。要给予她同情和耐心,而不是蔑视,让她学着向现实过渡。要帮助她认识到,如果她表现得像是在屈就自己的工作,就会让可能提拔她的同事厌恶她。这也会使她的职场人际关系受损,而后者是可以让棘手的初次就业变得容易应对,甚至很有趣的。

社交媒体是精心策划的假象,每个人都会在不同时期遇到难题

如果说社交媒体在大学期间很重要,那毕业之后它就是至关重要了。随着自己的朋友走上各自的道路,年轻人越来越依赖手机和笔记本电脑来建立联系。工作申请以电子方式提交,面试通过视频聊天进行。在过渡期和社交断裂期,在线反馈可以弥补巨大的人际关系损失。"我失去了来自30位教授和20位朋友的持续反馈。"23岁的塔拉解释说,"我转向社交媒体其实是因为我失去了那些人。我不只是计算点赞数,我关心的是谁在点赞。"

社交媒体上充斥着关于找到新工作、新公寓、搬到新城市以及被研究生院录取的消息,在大学毕业后的头几年里,这对年轻人来说可能是非常残酷的。"很高兴宣布毕业后我已经有工作了。"一个典型的帖子写道,"这份工作给我提供的机遇让我激动不已,我也非常感谢这一路上我得到的所有指导和建议。"社交媒体残酷地复制了大学申请产业综合体的信息:精心策划的帖子展示了人生从大学到完美的工作、城市、新学校、室友或公寓的无缝衔接,然后是结婚、生子,而且每个人都拿到了一大堆学位,只有你例外。

如果你的女儿觉得痛苦,社交媒体就会把刀刺得更深。"你在Facebook上看到了玫瑰色的、粉饰过的(生活)版本,一切

看起来就像是她们正在目前居住的城市里狂欢,过着奢侈的生活,拥有有史以来最美好的人生,于是你会想'我做错了什么'。"摩根告诉我。你会拿自己和别人做比较,借此来衡量自己。"你会问'我现在是不是在做适合我这个年龄的事情,我走对路了吗'。"贾丝敏说。大多数女性没有意识到,你可以让任何决定看起来自信而"正确",就像你可以让你的手臂看起来更瘦,只要你站在正确的角度。这完全取决于你是如何描绘它的,而社交媒体提供了一百万种假装的方式。

社交媒体上的社区在很大程度上是经过矫饰的,它所产生的效果与大学毕业后女性所需要的恰恰相反。女性毕业后需要和那些与自己有着相似人生和感受的人建立真正的情感联系,但一张又一张的照片、一个又一个的帖子描绘了毫无瑕疵的生活,使女性陷入孤立状态。莎伦说:"你认为其他人都把自己的人生料理得尽善尽美,所以你不想说自己还没有做到。"

社交媒体的本质是"我,我,我",而年轻女性在这段时间里需要的是"我也是"。与他人面对面交流可以开启真正的对话。摩根发现,向朋友坦露自己的痛苦会让她们说出与网上截然不同的故事。"她们很惨,"她这样形容她的朋友,"她们每天要工作很长时间,她们和上司的关系很不好,因为上司指望所有事情都由她们去做,而且她们往往并不开心。"触及事实真相的真诚的交谈能减少羞耻感以及因为自己不够好而退缩的冲动,对于非白人、低收入、同性恋以及家中第一代大学生女性来说,尤其如此。

大学毕业后生活的积极面

大学申请产业综合体经常创造出一种环境,让年轻人脱离他们真正想做的事情、真正想学的东西和真正想成为的人。这恰恰发生在他们应该成为自己生活的导演而不是演员的时候。他们得到的建议是专注于外部的期望，因此许多人会与内在的指南针失去联系，听不到它在告诉自己："当我从事这项活动时，我会忘记时间。""我不想整晚在这个实验室里工作。""我愿意成天读这样的书。"有些人放弃直觉，用来换取根据别人说能让他们成功的东西。另一些人会选择更安全的道路，而不是更崎岖、更令人激动的道路。还有一些人则与自我及自我价值观失去了联系。

大学毕业后，有些人会无视他们对自我的无知，盲目地采取下一步行动，而那些更聪明、更幸运的人则会因为意识到自己毫无头绪而感到痛苦、茫然。如果他们肯给自己一个机会，问自己一些严肃的问题，他们就可以进入下一个让他们真正感到满意的阶段。

和许多同龄人一样，伊莎贝尔把大部分注意力都放在了外部：她在网上监视朋友们的成就，操心如何取悦家人。现在，在申请一个新机会之际，伊莎贝尔坐下来思考她对此的感受。"我有这种感觉是因为这是我真正想要的吗？"她问自己，"还是因为我的父母会很高兴？或是因为我的朋友们会吹捧我？或是因为我会接到大学母校的电话去接受《校友杂志》采访？"

伊莎贝尔试图了解她的动机是外在的还是内在的：她是为自己还是为别人而这么做的？关键在于，要认真对待自己的声音，即认定自己的真实诉求和其他任何与之矛盾的诉求同样重要。对女孩们来说，这是最重要的问题，特别是对那些一心想取悦父母的女性而言。菲斯在一个基金会工作了三年。她非常想取悦她的母亲，家中的第一代韩裔美国人，但她对母亲所持的传统成功观不敢苟同。"我该如何向妈妈解释，成长不一定意味着有多个研究生学位或跻身于高管之列？"她问我，"我在寻找能让我感到充实的东西。"一些移民的女儿享受着比她们之前的任何一代人都更多的机会，她们告诉我，她们被长辈们要求做正确的事情的压力所困扰。

　　大学毕业后的生活虽然可能很艰苦，但也有额外的奖励。你会有更多的空闲时间。如果你的女儿已经离开学校，下班后她就可以停止工作。最初选错工作的摩根在空闲时间里重获自主权。她又开始画画，并定时出去散步。她毕业于我的"叛逆者领导力"课程班，她每天晚上都会进行自我检视。"我有意识地努力审视自己是否喜欢我在晚上和周末经常做的事情。如果我不喜欢，我就加以改变。"她告诉我。在申请工作时遭到拒绝是痛苦的，但这也让她变得坚强许多。"现在，当我得不到我想要的东西时，我能意识到，即使没被接受，我自身的价值依然在那里。我试着提醒自己，申请工作能让我更好地了解自己，我会有失有得。我做得越多，"她高兴地说，"它就变得越容易。"

CONCLUSION 结 语

最亲爱的女儿：向内心寻找力量

  我在一次期中复习休息时和学生们坐在一起，听她们谈论熬通宵和考试超载。这时，一个问题突然出现在我的脑海中。
  "你们心目中的幸福生活是怎样的？"我问。她们的宿舍客厅里一片寂静。
  "我只想去外面的世界。"一个人说。
  "我想拥有良好的人际关系。朋友、家人和社区。"
  "无论我去哪里，我都想和家人保持联系。"
  "我想有时间探索我所处的位置。我想坐下来看各种各样的书。无论我在做什么，我都希望能沉浸于其中。"
  "我真的很想要一只猫。"
  "我希望能感觉到自己正在为大家做好事，不管这个'大家'的范围有多大。我希望对他人或环境有益，并能形成积极的影响。"
  看着她们躺在沙发上，穿着拖鞋的脚在椅子上晃来晃去，我感到屋子里有什么东西在改变。很显然，她们中很少有人考虑过这个问题。当她们说话时，她们的声音越来越大、越来越活跃。

她们的希望和灵感呼之欲出。

我在写这本书的过程中遇到的那些发愤图强、努力工作的女孩在谈论未来时很少谈论什么会让她们快乐，相反，她们一直在与敦促她们取得更高的成就的信息做斗争。她们觉得自己必须取得的"更高的成就"就在未来的某个地方：明天要在跑步机上跑更久，下学期要在图书馆待更长时间，周六晚上要有更多值得在社交媒体上发表的帖子。"更高的成就"就是她们被告知要去向往的未来。这个"更高的成就"既不是由她们创造的，也不是她们真正渴望的。

当我们帮助女孩们用她们自己对充实的人生的憧憬取代文化中关于"更高的成就"的有害声音时，她们就会开始觉得自己已经足够好。这种憧憬不会让外在的回报凌驾于人生目的和与他人的情感联系之上。如果说我们早已知道好女孩被教导要压抑自己的感受才能被喜欢，那么我在写作这本书的过程中了解到的是，她们也必须遵从别人对成功的定义。这是一场浮士德式的交易。正如安娜·昆德伦（Anna Quindlen）所写的："如果你的成功不是建立在你自己的主张之上，如果它在外人看起来很好，但却没让你心里觉得好，那它就根本不是成功。"

哈佛大学最受欢迎的课程之一讲授的是该校许多勤奋努力的学生所没有的东西：幸福。作为积极心理学领域的领军人物，泰勒·本-沙哈尔（Tal Ben-Shahar）教授告诉全神贯注地听课的学生们：幸福，而非金钱、成就或物质财产，才是人生的终极货币，他们应该采取将幸福最大化的生活方式。

本-沙哈尔认为，幸福是一个由两部分组成的方程式，当我们找到意义和享乐的正确平衡点，当我们在从事一项兼顾当前和未来利益的活动时，幸福就实现了。这些追求既让我们完全投入

结　语

其中，又要求我们为自身以外的世界做出贡献，斯坦福大学的威廉·达蒙（William Damon）称之为"目的"。

当我采访那些生活在大学申请综合体中的女孩以及刚刚离开它的本科生时，我非常震惊，因为她们的生活方式与能提供我们所知道的幸福要素的生活方式背道而驰。培养某种意义感被对外界奖励的不懈追求取代。学生们被迫忽视学习的过程，以便专注于最终结果。为了避免失败，她们避开了可以带来激情式学习体验的挑战。她们体验到一种被爱的感觉，不是因为她们内在的自我，而是因为她们的成就。如果她们拥有不符合综合体成功标准和大学录取标准的不寻常的兴趣，这些兴趣就会被忽视，并且往往会枯萎。

我经常让学生把她们的日常活动带入到这个幸福"方程式"中，这是本‑沙哈尔所提供的一个具体到不能再具体的方程式，可以让你在生活中感觉良好。她们每天做的事情中有多少可以将真正的快乐和意义结合在一起？在给定的一周中，她们想做的事情和必须做的事情的比例是多少？结果证明，在她们的日程安排中，"必须做的事情"占据主导地位。

我五岁的女儿喜欢玩拼图游戏。她会花上好几个小时在客厅地板上拼出公主、独角兽和丛林动物。有时我和她坐在一起，看着她这样或那样转动一块拼图，努力寻找合适的空缺。她异常耐心和专注。当她终于找到时，她会兴高采烈地大喊一声："耶！"

再没有比这更棒的声音了。这声"耶"代表了一个她有权选择的挑战，一次被面对并果断选择的冒险。这是通过坚持和投入获得的奖励。这是属于她的"耶"，是为她自己而非任何其他人发出的。

我希望所有女孩都有机会喊出自己的"耶"，我也不希望我女儿失去她的"耶"。作为父母，我们的工作就是为她们开辟空间去寻找这声"耶"。面对她们听到的最有害的信息，我们就是女孩们最大的希望。我们必须支持她们，无论是当她们在餐桌上表达愤怒时，还是当我们恳求她们不要放弃人生中某个宝贵的"愿望"时。

这并不是要你破坏她取得卓越成就的能力。恰恰相反，我告诉我的所有学生要继续竞争和发光。但是，没有任何女孩必须牺牲她的自我价值感、身心健康或好奇心以换取卓越。我希望这本书能帮助你阻止她去做这笔可怕的交易。

不管世事对女孩们而言发生了多大的变化，把她们抚养长大的基石始终都很重要。首先，愿意倾听和同情你的女儿，比你代替她解决问题时所做的任何事情都重要。女孩们想要从成年人那里得到的是对自己所面临的挑战的不带评判的认可，对自己的感受的同情，以及在自己痛苦挣扎时给予的友谊。这些是她会铭记在心的，即使你不能做什么来改变外部世界强加给她的义务。

其次，不管我们的文化有多大的破坏力，也不管它在她耳边闹出多大关于"更高的成就"的响声，她仍然在倾听你的声音，她仍然关心你的想法，即使她的每一个姿态、叹息和每一次翻白眼都像在暗示并非如此。她最需要知道的是，她现在的样子对你来说已经足够好。我发现，我们能在女孩身上获得的最有意义的（如果不是最富革命性的）成功，就是帮助她们认识到她们现在这样已经百分之百足够好——无论她们身在何处，她们都已经足够好，因为她们是好朋友或好姐妹，因为她们会和一个独自坐在那里吃午饭的人进行眼神交流，因为她们会在其他人都忘记的时候想着喂狗，因为她们摔倒时不会放弃。

如果我们的女孩们能接受自己今天的样子并引以为豪呢？如果她们能记住无论如何她们都很重要呢？在我看来，这是才真正成功的开始。

致　　谢

感谢无与伦比的 Gails 夫妇：Winston，你让我梦想成真，我每天都庆幸能得到你的指导。Ross，谢谢你陪伴我经历每一次巅峰和低谷，你是一位无与伦比的思想伴侣，你的正直熠熠生辉，感谢你爱我和我的孩子。

感谢以下这些阅读本书草稿并提供批评性反馈的朋友和同事，感谢你们让这本书变得更好：Emily Bazelon、Marisa LaDuca Crandall、Blaine Edens、Lilly Jay、Armistead Lemon、Donna Lisker、Marge Litchford、Suniya Luthar、Julie Mencher、Peggy Orenstein、Maya Bernstein Schalet、Julia Taylor 以及 Jessica Weiner。

我十分感谢史密斯学院的沃特尔工作与生活中心给予我时间和空间，让我提出新的问题、进行冒险并倾听年轻女性的声音。我还要感谢 Hannah Durrant、Stacie Hagenbaugh 和 Julianne Ohotnicky 的耐心、教诲和幽默风趣，以及 Ellen Carter 和斯通利-伯纳姆学校与我的持续合作。

Tara Christie Kinsey 博士和休伊特商学院为我提供了一个社区，我可以在那里不断学习、接受挑战和教学。我为自己是一名休伊特女孩而自豪。Simone Marean 和"女孩领导力"组织一直是我坚定的思想伙伴，能够每天代表女孩们与他们合作，我非常感激。

感谢我勤奋刻苦的研究助理：Lindsey Chou、Shanila Satta 和 Leanne Arsenault，这本书是在她们的帮助与指导下完成的。

感谢以下最杰出、最有爱心的朋友们,不管怎样,他们都爱我,在各个方面都深深感动着我:Julie Barer、Gwen Bass、Maggie Bittel、Barry、Henry、Owen Daggett、Nicole Bourdon、Josh Levy、Judith Holiber、Kim、Jake、Rachel Warsaw、Cathie Levine、Josh、Benji、Ruby Isay、Jane Isay、Julie Koster、Becky Shaw、Pamela Shifman、Lee Schere、Sam、Colleen Taylor、Daniella Topol 和 Joe Slott。

Elita Baker 和 Alex Viera,谢谢你们对我的女儿的爱和教导,以及在我撰写本书期间对我们母女俩的照顾。

感谢我的家人:Josh、Tony、爸爸、Lia、Jaynie、Scott 以及 Ziggy。最后,感谢我的母亲 Claire,她对我和我的女儿无微不至的关怀为这本书的诞生创造了空间。

没有你们大家就不会有这本书。

参考文献

Afifi, Tamara, Walid Afifi, Anne F. Merrill, Amanda Denes, and Sharde Davis. "'You Need to Stop Talking About This!': Verbal Rumination and the Costs of Social Support." *Human Communication Research* 39, no. 4 (2013): 395-421.

Archard, Nicole. "Adolescent Girls and Leadership: The Impact of Confidence, Competition and Failure." *International Journal of Adolescents and Youth* 17, no. 4 (2012): 189-203.

Armstrong, Elizabeth A., and Laura T. Hamilton. *Paying for the Party: How College Maintains Inequality*. Cambridge, MA: Harvard University Press, 2013.

Aronson, Joshua, Carrie B. Fried, and Catherine Good. "Reducing the Effects of Stereotype Threat on African American College Students by Shaping Theories of Intelligence." *Journal of Experimental Social Psychology* 38, no. 2 (2002): 113-125.

Asser, Eliot S. "Social Class and Help-Seeking Behavior." *American Journal of Community Psychology* 6, no. 5 (1978): 465-475.

Atlantis, Evan, and Kylie Ball. "Association Between Weight Perception and Psychological Distress." *International Journal of Obesity* 32, no. 4 (2008): 715-721.

Bagrowicz, Rinako, Chiho Watanabe, and Masahiro Umezaki. "Is Obesity Contagious by Way of Body Image? A Study of Japanese Female Students in the United States." *Journal of Community Health: The Publication for Health Promotion and Disease Prevention* 38, no. 5 (2013): 834-837.

Baker, Buffy, Katy Bowers, Jess Hill, Jenny Jervis, Armistead Lemon, Maddie Waud, and Adam Wilsman. "How an Online Gradebook May Impact Student Learning, Development and Mental Health at Harper Hill." Harpeth Hall School. Unpublished manuscript, last modified 2016.

Barstead, Matthew G., Laura C. Bouchard, and Josephine H. Shih. "Understanding Gender Differences in Co-Rumination and Confidant Choice in Young Adults." *Journal of Social and Clinical Psychology* 32, no. 7 (2013): 791-808.

Ben-Shahar, Tal. *Happier: Learn the Secrets to Daily Joy and Lasting Fulfillment*. New York: McGraw-Hill, 2007.

Bettina, Spencer, Caitilin Barrett, Gina Storti, and Mara Cole. "'Only Girls Who Want Fat Legs Take the Elevator': Body Image in Single-Sex and Mixed-Sex Colleges." *Sex Roles* 69, no. 7-8 (2013): 469-479.

Blattner, Meghan C. C., Belle Lang, Terese Lund, and Renee Spencer. "Searching for a Sense of Purpose: The Role of Parents and Effects on Self-Esteem Among Female Adolescents." *Journal of Adolescence* 36, no. 5 (2013): 839-848.

Bluth, Karen, Rebecca A. Campo, William S. Futch, and Susan A. Gaylord. "Age and Gender Differences in the Associations of Self-Compassion and Emotional Well-Being in a Large Adolescent Sample." *Journal of Youth and Adolescence* 46, no. 4 (2017): 840-853.

Boepple, L., and J. K. Thompson. "A Content Analytic Comparison Of Fitspiration And Thinspiration Websites." *International Journal of Eating Disorders* 49, no. 1 (January 2016): 98-101.

Booth, Alison L., and Patrick Nolen. "Gender Differences in Risk Behaviour: Does Nurture Matter?" *Economic Journal* 122, no. 558 (2012): F56-F78.

Boyd, Danah Michele. "Taken out of Context: American Teen Sociality in Networked Publics." *Dissertation Abstracts International Section A: Humanities and Social Sciences* 70, no. 4-A (2009): 1073.

Brougham, Ruby R., Christy M. Zail, Celeste M. Mendoza, and Janine R. Miller. "Stress, Sex Differences, and Coping Strategies Among College Students." *Current Psychology* 28, no. 2 (2009): 85-97.

Brown, Brené. *Daring Greatly: How the Courage to Be Vulnerable Transforms the Way We Live, Love, Parent, and Lead.* London: Penguin, 2013.

———. *The Gifts of Imperfect Parenting: Raising Children with Courage, Compassion and Connection.* Louisville, CO: Sounds True, 2013. Audiobook, 2 compact discs; 2 hrs., 6 mins.

Brown, Z., and M. Tiggemann. "Attractive Celebrity and Peer Images on Instagram: Effect on Women's Mood and Body Image." *Body Image* 19 (2016): 37-43.

Byrnes, James P., David C. Miller, and William D. Schafer. "Gender Differences in Risk Taking: A Meta-Analysis." *Psychological Bulletin* 125, no. 3 (1995): 367-383.

Calmes, Christine A., and John E. Roberts. "Rumination in Interpersonal Relationships: Does Co-Rumination Explain Gender Differences in Emotional Distress and Relationship Satisfaction Among College Students?" *Cognitive Therapy and Research* 32, no. 4 (2008): 577-590.

Calogero, Rachel M., Sylvia Herbozo, and Kevin J. Thompson. "Complimentary Weightism: The Potential Costs of Appearance-Related Commentary of Women's Self-Objectification." *Psychology of Women Quarterly* 33, no. 1 (2009): 120-132.

Carlson, Cassandra L. "Seeking Self-Sufficiency: Why Emerging Adult College Students Receive and Implement Parental Advice." *Emerging Adulthood* 2, no. 4 (2014): 257-269.

Chang, Janet. "The Interplay Between Collectivism and Social Support Processes Among Asian and Latino American College Students." *Asian American Journal of Psychology* 6, no. 1 (2015): 4-14.

Chou, Hui-Tzu Grace, and Nicholas Edge. "'They Are Happier and Having Better Lives Than I Am': The Impact of Using Facebook on Perceptions of Others' Lives." *Cyberpsychology, Behavior, and Social Networking* 15, no. 2 (February 2012): 117-120.

Ciciolla, Lucia, Alexandria S. Curlee, Jason Karageorge, and Suniya S. Luthar. "When Mothers and Fathers Are Seen as Disproportionately Valuing Achievements." *Journal of Youth and Adolescents* 46, no. 5 (2017): 1057-1075.

Ciesla, Jeffrey A., Kelsey S. Dickson, Nicholas L. Anderson, and Dan J. Neal. "Negative Repetitive Thought and College Drinking: Angry Rumination, Depressive Rumination, Co-Rumination, and Worry." *Cognitive Therapy and Research* 35, no. 2 (2011): 142-150.

Clance, Pauline R., and Suzanne Imes. "The Imposter Phenomenon in High-Achieving Women: Dynamics and Therapeutic Intervention." *Psychotherapy Research and Practice* 15, no. 3 (1978).

Clonan-Roy, Katie, Charlotte E. Jacobs, and Michael J. Nakkula. "Toward a Model of Positive Youth Development Specific to Girls of Color." *Gender Issues* 33, no. 2 (2016): 96-121.

Coffman, Katherine Baldiga. "Evidence on Self-Stereotyping and the Contribution of Ideas." *Quarterly Journal of Economics* 129, no. 4 (2014): 1625-1660.

Cokley, Kevin, Germine Awad, Leann Smith, Stacey Jackson, Olufunke Awosogba, Ashley Hurst, Steven Stone, Lauren Blondeau, and David Roberts. "The Roles of Gender Stigma Consciousness, Imposter Phenomenon and Academic Self-Concept in the Academic Outcomes of Women and Men Coping with Achievement Related Failure." *Sex Roles* 73, no. 9–10 (2015): 414-426.

Damon, William. *The Path: How Young People Find Their Calling in Life*. New York: Free Press, 2009.

Damour, Lisa. *Untangled: Guiding Teenage Girls Through the 7 Transitions to Adulthood*. New York: Penguin Random House, 2016.

Dariotis, Jacinda K., and Matthew W. Johnson. "Sexual Discounting Among High-Risk Youth Ages 18-24: Implications for Sexual and Substance Use Risk Behaviors." *Experimental and Clinical Pharmacology* 23, no. 1 (2015): 49-58.

Davila, Joanne, Rachel Hershenberg, Brian A. Feinstein, Kaitlyn Gorman, Vickie Bhatia, and Lisa R. Starr. "Frequency and Quality of Social Networking Among Young Adults: Associations with Depressive Symptoms Rumination and Corumination." *Psychology of Popular Media Culture* 1, no. 2 (2012): 72-86.

Deci and Ryan cited in Henderlong, Jennifer, and Mark R. Lepper. "The Effects of Praise on Children's Intrinsic Motivation: A Review and Synthesis." *Psychological Bulletin* 128, no. 5 (September 2002): 774-795.

De Vries, Dian A., and Jochen Peter. "Women on Display: The Effect of Portraying the Self Online on Women's Self-Objectification." *Computers in Human Behavior* 29, no. 4 (2013): 1483-1489.

Dixon, Wayne A., Kimberly G. Rumford, Paul P. Heppner, and Barbara J. Lips. "Use of Different Sources of Stress to Predict Hopelessness and Suicide Ideation in a College Population." *Journal of Counseling Psychology* 39, no. 3 (1992): 342-349.

Dunkley, David M., Kirk R. Blankstein, Jennifer Halsall, Meredith Williams, and Gary Winkworth. "The Relation Between Perfectionism and Distress: Hassles, Coping, and Perceived Social Support as Mediators and Moderators." *Journal of Counseling Psychology* 47, no. 4 (2000): 437-453.

Dweck, Carol S. "Is Math a Gift? Beliefs That Put Females at Risk." In *Why Aren't More Women in Science?: Top Researchers Debate the Evidence*, edited by Stephan J. Ceci and Wendy M. Williams. Washington, DC: American Psychological Association, 2007.

———. *Mindset: The New Psychology of Success*. New York: Random House, 2006.

Eagon, Kevin, Ellen Bara Stolzenberg, Joseph J. Ramirez, Melissa C. Aragon, Maria Ramirez Suchard, and Cecilia Rios-Aguilar. *The American Freshman: Fifty-Year Trends, 1966–2015*. Los Angeles: Higher Education Research Institute, UCLA, 2016.

Economos, Christina D., Lise M. Hildebrandt, and Raymond R. Hyatt. "College Freshman Stress and Weight Change: Differences by Gender." *American Journal of Health Behavior* 23, no. 1 (2008): 16-25.

Elliot, Andrew J., and Marcy A. Church. "A Motivational Analysis of Defensive Pessimism and Self-Handicapping." *Journal of Personality* 71, no. 3 (2003): 369-396.

Engeln-Maddox, Renee, and Rachel H. Salk. "The Demographics of Fat Talk in Adult Women: Age, Body Size, and Ethnicity." *Journal of Health Psychology* 21, no. 8 (August 2016): 1655-1664.

Flanagan, Caitlin. "How Helicopter Parenting Can Cause Binge Drinking." *The Atlantic*, September 2016.

Florin, Todd A., Justine Shultz, and Nicolas Stettler. "Perception of Overweight Is Associated with Poor Academic Performance in US Adolescents." *Journal of School Health* 81, no. 11 (2011): 663-670.

Frazier, Patricia A., and Laura J. Schauben. "Stressful Life Events and Psychological Adjustment Among Female College Students." *Measurement and Evaluation in Counseling and Development* 27, no. 1 (1994): 280-292.

Fredrickson, Barbara L., Tomi-Ann Roberts, Stephanie M. Noll, Diane M. Quinn, and Jean M. Twenge. "That Swimsuit Becomes You: Sex Differences in Self-Objectification, Restrained Eating, and Math Performance." *Journal of Personality and Social Psychology* 75, no. 1 (1998): 269-284.

Gay, Robin K., and Emanuele Castano. "My Body on My Mind: The Impact of State and Trait Objectification on Women's Cognitive Resources." *European Journal of Social Psychology* 40, no. 5 (2010): 695-703.

Gentile, Brittany, Shelly Grabe, Brenda Dolan-Pascoe, Jean M. Twenge, Brooke E. Wells, and Alissa Maitino. "Gender Difference in Domain Specific Self-Esteem: A Meta-Analysis." *Review of General Psychology* 13, no. 1 (2009): 34-45.

"Girls' Attitudes Survey," Girlguides UK: London, 2014.

Gnaulati, Enrico. "Why Girls Tend to Get Better Grades Than Boys Do." *The Atlantic*, September 18, 2014.

Goswani, Sweta, Sandeep Sachdeva, and Ruchi Sachdeva. "Body Image and Satisfaction Among Female College Students." *Industrial Psychiatry Journal* 21, no. 2 (2012): 168-172.

Grabe, Shelly, and Janet Shibley Hyde. "Body Objectification, MTV, and Psychological Outcomes Among Female Adolescents." *Journal of Applied Social Psychology* 39, no. 12 (2009): 2840-2858.

———. "Ethnicity and Body Dissatisfaction Among Women in the United States: A Meta-Analysis." *Psychological Bulletin* 132, no. 4 (2006): 622-640.

Grabe, Shelly, Janet Shibley Hyde, and Sara M. Lindberg. "Body Objectification and Depression in Adolescents: The Role of Gender, Shame, and Rumination." *Psychology of Women Quarterly* 31, no. 2 (2007): 164-175.

Hankin, Benjamin L., Lindsey Stone, and Patricia Ann Wright. "Co-Rumination, Interpersonal Stress Generation, and Internalizing Symptoms: Accumulating Effects and Transactional Influences in a Multiwave Study of Adolescents." *Development and Psychopathology* 22, no. 1 (2010): 217-235.

Harackiewicz, Judith M., and Andrew J. Elliot. "Achievement Goals and Intrinsic Motivation." *Journal of Personality and Social Psychology* 65, no. 5 (November 1993): 904-915.

Haydon, Katherine C. "Relational Contexts of Women's Stress and Competence During the Transition to Adulthood." *Journal of Adult Development* 22, no. 2 (2015): 112-123.

Hesse-Biber, Sharlene, Patricia Leavy, Courtney E. Quinn, and Julia Zoino. "The Mass Marketing of Disordered Eating and Eating Disorders: The Social Psychology of Women, Thinness and Culture." *Women's Studies International Forum* 29, no. 2 (2006): 208-224.

Hicks, Terrence, and Samuel Heastie. "High School to College Transition: A Profile of Stressors, Physical and Psychological Health Issues That Affect the First-Year On-Campus College Student." *Journal of Cultural Diversity* 15, no. 3 (2008): 143-147.

Hicks, Terrence, and Eboni Miller. "College Life Style, Life Stressors and Health Status: Differences Along Gender Lines." *Journal of College Admission* 192 (2006): 22-29.

Hinkelman, L. "The Girls' Index: New Insights Into The Complex World Of Today's Girls." Ruling Our eXperiences, Inc. Columbus, OH: 2017.

Holland, Grace, and Marika Tiggemann. "A Systematic Review of the Impact of the Use of Social Networking Sites on Body Image and Disordered Eating Outcomes." *Body Image* 17 (2016): 100-110.

Holt, Laura J. "Attitudes About Help-Seeking Mediate the Relation Between Parent Attachment and Academic Adjustment in First-Year College Students." *Journal of College Student Development* 55, no. 4 (2017): 418-423.

Homan, Kristen, Daniel Wells, Corrinne Watson, and Carolyn King. "The Effect of Viewing Ultra-Fit Images on College Women's Body Dissatisfaction." *Body Image* 9, no. 1 (2012): 50-56.

Homayoun, Ana. *Social Media Wellness: Helping Tweens and Teens Thrive in an Unbalanced Digital World.* Newbury Park, CA: Corwin Press, 2017.

Hudd, Susan S., Jennifer Dumalao, Diane Erdmann-Sager, Daniel Murray, Emily Phan, and Nicholas Soukas. "Stress at College: Effects on Health Habits, Health Status and Self-Esteem." *College Student Journal* 34, no. 2 (2000): 217-227.

Kalpidou, Maria, Dan Costin, and Jessica Morris. "The Relationship Between Facebook and the Well-Being of Undergraduate College Students." *CyberPsychology Behavior and Social Networking* 16, no. 7 (2011): 183-189.

Kay, Katty, and Claire Shipman. *The Confidence Code: The Science and Art of Self-Assurance—What Women Should Know.* New York: HarperCollins, 2014.

Klein, C. K., S. Sherman, L. Galinsky, R. Kaufman, and B. Bravo. *Work on Purpose Curriculum.* New York: Echoing Green, 2013.

Krueger, Katie S., Meghana Rao, Jeanna Salzer, and Jennifer C. Saucerman. "College-Age Women and Relational-Aggression: Prevalence and Impact." In *Wisconsin Women's Studies Consortium Women and Gender Studies Conference*, Madison, WI: 2011.

Lahey, Jessica. *The Gift of Failure: How the Best Parents Learn to Let Go So Their Children Can Succeed.* New York: HarperCollins, 2015.

Lam, Desmond, and Bernadete Ozorio. "The Effect of Prior Outcomes on Gender Risk-Taking Differences." *Journal of Risk Research* 16, no. 7 (2013): 791-802.

Laudricella, A. R., D. P. Cingel, L. Beaudoin-Ryan, M. B. Robb, M. Saphir, and E. A. Wartella. "The Common Sense Census: Plugged-In Parents of Tweens and Teens." San Francisco: Common Sense Media, 2016.

Leadbeater, Bonnie J., Sidney T. Blatt, and Donald M. Quinlan. "Gender-Linked Vulnerabilities to Depressive Symptoms, Stress and Problem Behaviors in Adolescents." *Journal of Research on Adolescents* 5, no. 1 (1995): 1-29.

Leary, Mark R., et al. "Self-Compassion and Reactions to Unpleasant Self-Relevant Events: The Implications of Treating Oneself Kindly." *Journal of Personality and Social Psychology* 92, no. 5 (May 2007): 887-904.

Liang, Belle, Terese J. Lund, Angela M. Desilva Mousseau, and Renee Spencer. "The Mediating Role of Engagement in Mentoring Relationships and Self-Esteem Among Affluent Adolescent Girls." *Psychology in the School* 53, no. 8 (2016): 848-860.

Liang Belle, Terese Lund, Angela Mousseau, Allison E. White, Renee Spencer, and Jill Walsh. "Adolescent Girls Finding Purpose: The Role of Parents and Prosociality." *Youth & Society* (2017).

Lim, Lina. "A Two-Factor Model of Defensive Pessimism and Its Relations with Achievement Motives." *Journal of Psychology* 143, no. 3 (2009): 318-336.

Lisker, Donna. "Effortless Perfection." Unpublished manuscript, last modified March 2017. Microsoft Word file.

Luthar, Suniya S., Samuel H. Bankin, and Elizabeth J. Crossman. "I Can, Therefore I Must: Fragility in the Upper-Middle Class." *Development and Psychopathology: A Vision Realized* 25, no. 4 (2013): 1529-1549.

Luthar, Suniya S., and Lucia Ciciolla. "What It Feels Like to Be a Mother: Variations by Children's Developmental Stages." *Developmental Psychology* 52, no. 1 (2016): 143-154.

Luthar, Suniya S., and Adam S. Goldstein. "Substance Use and Related Behaviors Among Urban Late Adolescents." *Development and Psychopathy* 20, no. 2 (2008): 591-614.

Luthar, Suniya S., Phillip J. Small, and Lucia Ciciolla. "Adolescents from Upper Middle Class Communities: Substance Misuse and Addiction Across Early Adulthood." *Development and Psychopathy* (2017): 1-21.

Lyman, Emily L., and Suniya S. Luthar. "Further Evidence on the 'Costs of Privilege': Perfectionism in High-Achieving Youth at Socioeconomic Extremes." *Psychology in the Schools* 51, no. 9 (2014): 913-930.

Lythcott-Haims, Julie. *How to Raise an Adult: Break Free of the Over-Parenting Trap and Prepare Your Kid for Success.* New York: Henry Holt and Company, 2015.

Maatta, Sami, Jari-Erik Nurmi, and Hakan Stattin. "Achievement Orientations, School Adjustment and Well-Being: A Longitudinal Study." *Journal of Research on Adolescents* 17, no. 4 (2007): 789-812.

Mahalik, James R., Rebekah Levine Coley, Caitlin McPherran Lombardi, Alicia Doyle Lynch, Anna J. Markowitz, and Sara R. Jaffee. "Changes in Health Risk Behavior for Males and Females from Early Adolescence Through Early Adulthood." *Health Psychology* 32, no. 6 (2013): 685-694.

Marsh, Imogen, Stella W. Y. Chan, and Angus MacBeth. "Self-Compassion and Psychological Distress in Adolescents: A Meta-Analysis." Unpublished manuscript, last modified July 13, 2017. Microsoft Word file.

Martin, Andrew J., Herbert W. Marsh, Alan Williamson, and Raymond L. Debus. "Self-Handicapping, Defensive Pessimism, and Goal Orientation: A Qualitative Study of University Students." *Journal of Educational Psychology* 95, no. 3 (2003): 617-628.

Martin, Courtney E. *Perfect Girls, Starving Daughters: The Frightening New Normalcy of Hating Your Body*. New York: Free Press, 2007.

Meier, Evelyn, and James Gray. "Facebook Photo Activity Associated with Body Image Disturbance in Adolescent Girls." *CyberPsychology Behavior and Social Networking* 17, no. 4 (2014): 199-206.

Mensinger, Janell Lynn, Deanne Zotter Bonifazi, and Judith La Rosa. "Perceived Gender Role Prescriptions in Schools, the Superwoman Ideal, and Disordered Eating Among Adolescent Girls." *Sex Roles* 57, no. 7-8 (2007): 557-568.

Merianos, Ashley L., Keith A. King, and Rebecca A. Vidourek. "Body Image Satisfaction and Involvement in Risky Sexual Behaviors Among University Students." *Sexuality and Culture* 17, no. 4 (2013): 617-630.

Mohr, Tara. *Playing Big: Find Your Voice, Your Mission, Your Message*. London: Penguin Publishing Group, 2015.

Neff, Kristin. *Self-Compassion: The Proven Power of Being Kind to Yourself*. New York: HarperCollins, 2011.

Niederle, Muriel, and Lise Vestserlund. "Gender and Competition." *Annual Review of Economics* 3 (2011): 601-630.

Niemiec, Christopher P., Richard M. Ryan, and Edward L. Deci. "The Path Taken: Consequences of Attaining Intrinsic and Extrinsic Aspirations in Post-College Life." *Journal of Research in Personality* 73.3 (2009): 291–306. PMC. Web. 30 Oct. 2017.

Nolen-Hoeksema, Susan. *Women Who Think Too Much*. New York: Henry Holt and Company, 2004.

Orenstein, Peggy. *Girls & Sex: Navigating the Complicated New Landscape*. New York: HarperCollins, 2016.

Peralta, Robert L. "Alcohol Use and Fear of Weight Gain in College: Reconciling Two Social Norms." *Gender Issues* 20, no. 4 (2006): 23-42.

Pink, Daniel H. *Drive: The Surprising Truth About What Motivates Us*. London: Penguin, 2011.

Pittman, Laura D., and Adeya Richmond. "University Belonging, Friendship Quality, and Psychological Adjustment During the Transition to College." *Journal of Experimental Education* 76, no. 4 (2008): 343-361.

Pomerantz, Shauna, and Rebecca Raby. *Smart Girls: Success, School, and the Myth of Postfeminism*. Oakland, CA: University of California Press, 2017.

Poon, Wing-Tong, and Sing Lau. "Coping with Failure: Relationship with Self-Concept Discrepancy and Attributional Style." *Journal of Social Psychology* 135, no. 5 (1999): 639-653.

Recalde, Camila Tili. "Keep It Casual: A Sexual Ethics for College Campus Hookup Culture." Senior honors thesis, Wesleyan University, 2016.

Rose, Amanda J. "Co-Rumination in the Friendships of Girls and Boys." *Child Development* 73, no. 6 (2002): 1830-1843.

Rose, Amanda J., Rebecca A. Schwartz-Mette, Gary C. Glick, Rhiannon L. Smith, and Aaron M. Luebbe. "An Observational Study of Co-Rumination in Adolescent Friendships." *Developmental Psychology* 50, no. 9 (2014): 2199-2209.

参考文献

Rutledge, Christina M., Katherine L. Gillmor, and Meghan M. Gillen. "Does This Profile Picture Make Me Look Fat? Facebook and Body Image in College Students." *Psychology of Popular Media Culture* 2, no. 4 (2014): 251-259.

Salk, Rachel H., and Renee Engeln-Maddox. "'If You're Fat, Then I'm Humongous!': Frequency, Content, and Impact of Fat Talk Among College Women." *Psychology of Women Quarterly* 35, no. 1 (2011): 18-28.

Sax, Linda. *The Gender Gap in College: Maximizing the Development Potential of Women and Men*. San Francisco: John Wiley & Sons, 2008.

———. "Her College Experience Is Not His." *Chronicle of Higher Education* 55, no. 5 (2008): A32.

Sheu, Hung Bin, and William E. Sedlacek. "An Exploratory Study of Help-Seeking Attitudes and Coping Strategies Among College Students by Race and Gender." *Measurement and Evaluation in Counseling and Development* 37, no. 3 (2004): 130-143.

Skelton, Christine. "Gender and Achievement: Are Girls the Success Stories of Restructured Education Systems?" *Educational Review* 62, no. 2 (2010): 131-142.

Slater, Amy, and Marika Tiggemann. "A Test of Objectification Theory in Adolescent Girls." *Sex Roles* 46, no. 9-10 (2002): 343-349.

Smith, Rhiannon L., and Amanda J. Rose. "The 'Cost of Caring' in Youths' Friendships: Considering Associations Among Social Perspective Taking, Co-Rumination, and Empathetic Distress." *Developmental Psychology* 47, no. 6 (2011): 1792-1803.

Spencer, Renee, Jim Walsh, Belle Liang, Angela M. Desilvia Mousseau, and Terese J. Lund. "Having It All? A Qualitative Examination of Affluent Adolescent Girls' Perceptions of Stress and Their Quests for Success." *Journal of Adolescent Research* (2016).

Steiner-Adair, Catherine. "The Body Politic: Normal Female Adolescent Development and the Development of Eating Disorders."

Journal of The American Academy of Psychoanalysis 14, no. 1 (1986): 95-114.

Stress in America™: Are Teens Adopting Adults' Stress Habits? 2014, American Psychological Association.

Taylor, Julia V. *The Body Image Workbook for Teens: Activities to Help Girls Develop a Healthy Body Image in an Image-Obsessed World.* Oakland, CA: New Harbinger Press, 2014.

Taylor, Kate. "Sex on Campus: She Can Play That Game." *New York Times*, July 12, 2013.

Thompson, Sharon H., and Eric Lougheed. "Frazzled by Facebook? An Exploratory Study of Gender Differences in Social Network Communication Among Undergraduate Men and Women." *College Student Journal* 46, no. 1 (2012): 88-98.

Tompkins, Tonya L., Ashlee R. Hockett, Nadia Abraibesh, and Jody L. Witt. "A Closer Look at Co-Rumination: Gender, Coping, Peer Functioning and Internalizing/Externalizing Problems." *Journal of Adolescence* 34, no. 5 (2011): 801-811.

Tsabary, Shefali. *The Awakened Family: How to Raise Empowered, Resilient, and Conscious Children.* New York: Penguin, 2016.

Twenge, Jean M. *iGen: Why Today's Super-Connected Kids Are Growing Up Less Rebellious, More Tolerant, And Less Happy—And Completely Unprepared for Adulthood.* New York: Atria, 2017.

Van Zalk, Maarten, Herman Walter, Margrett Kerr, Susan J. T. Branje, Haka Stattin, and Wim H. J. Meeus. "Peer Contagion and Adolescent Depression: the Role of Failure Anticipation." *Journal of Clinical Child and Adolescent Psychology* 39, no. 6 (2010): 837-848.

Weiner, Jessica. *Life Doesn't Begin 5 Pounds from Now.* New York: Simon Spotlight Entertainment, 2006.

White, Erica Stovall, and Danielle M. Boyd. "Where and When I Enter: A Study of the Experiences of African-American Girls in All-Girls' Independent Schools." Laurel Center for Research on Girls, 2015.

Wilson, Reid, and Lynn Lyons. *Anxious Kids, Anxious Parents: 7 Ways to Stop the Worry Cycle and Raise Courageous and Independent Children*. Deerfield Beach, FL: Health Communications Inc., 2013.

Yamawaki, Niwako, Brian Tschanz, and David Feick. "Defensive Pessimism, Self-Esteem Instability, and Goal Striving." *Cognition and Emotion* 18, no. 2 (2004): 233-249.

Yarnell, Lisa M., Rose E. Stafford, Kristin D. Neff, Erin D. Reilly, Marissa C. Knox, and Michael Mullarkey. "Meta-Analysis of Gender Differences in Self-Compassion." *Self and Identity* 14, no. 5 (2015): 499-520.

Zhang, Kaili Chen. "What I Look Like: College Women, Body Image, and Spirituality." *Journal of Religion and Health* 52, no. 4 (2013): 1240-1252.

"女孩，你已足够好"父母阅读指南

亲爱的读者：

欢迎阅读"女孩，你已足够好"父母指南。这是一份互动式体验纲要，可以帮助你和你的女儿将书中的经验付诸实践。这里提供了可供你独自思考或与其他家长讨论的问题（就像阅读小组一样）、可供你和女儿一起进行的活动，以及引导你女儿开口谈论本书中所探讨的问题的开场白。

作为一名教育者，我知道，只有展开坦诚的对话并且离开我们的舒适区去尝试新技能，我们才能开始看到家中发生的变化。如果你觉得自己还需要更多的机会来将这本书中的内容付诸实践，请前往 rachelsimmons.com/courses 访问我的在线育儿课程"Enough As We Are"（我们足够好），或者前往 rachelsimmons.com/changemakers 加入我的个人Facebook群 Enough As She Is Changermakers（"女孩，你已足够好"变革者）。

这篇指南由我和科琳·福格（Corinne Fogg）合写的《"女孩，你已足够好"教育者指南》一文改编而成。感谢阅读，也感谢你为了你的女儿多走这一段路。

蕾切尔

导言：她还不够好

反思或讨论

阅读导言中克莱尔·梅苏德的小说片段。

- 如果你是一位女性，你记得自己曾经通过这样的方式成为一个女孩吗？如果你是一位男性，你记得曾经观察到过女孩身上的这种变化吗？你在自己的女儿和她的朋友们身上看到过什么？

- 西蒙斯所描述的压力和焦虑是如何在你女儿的生活中表现出来的？你所在的社区中有哪些因素可能会导致青少年压力？

一起做

把你和女儿平日在一周内所做的所有事情都列出来。将所有你们认为"必须做"的事情列一份清单，然后再将你们"想做"的事情列一份清单。这两份清单的内容是否平衡？你们俩如何才能把更多自己想做的事情融入生活中呢？

谈话开场白

- 向你的女儿朗读以下节选自《女孩，你已足够好》的段落，并与她进行讨论：

杜克大学的苏珊·罗斯（Susan Roth）写道："今天的女性必须按照传统的男性的成功标准，在教育和职业方面取得成功，她们也必须按照传统的女性美丽标准（更不用说母亲标准）取得成功。"女孩们必须成为超人:雄心勃勃,聪明上进,身体健康,漂亮性感,社交活跃,擅长运动,友好体贴,人见人爱。正如考特尼·马丁在《完美的女孩,饥饿的女儿》一书中所写的:"女孩们在成长的过程中被告知她们可以成为任何人,但也被告知她们必须做到所有事。"

- 你认为男孩和女孩对压力的反应不同吗?你观察到了哪些相似点和不同点?
- 当你的朋友取得成功时,你很难为他们感到高兴,你是否有过这样的经历?你有没有看到过其他女孩偶尔会憎恶某位取得成功的朋友?你觉得原因可能是什么?对此我们能做些什么?

第1章 大学申请产业综合体

反思或讨论

- 今天的大学入学压力和你当初申请大学时有什么不同?如果你是今天的高中生,你会做得怎么样?
- 当你在你女儿这个年纪时,你希望自己在哪方面享有更多失败的许可?如果你不必担心失败,你在她这个年纪本会做些什么?你在她生活中的哪些方面看到她在逃避风险或是过于担心别人的想法?无畏的精神或合理的冒险在现在和将来能给她带来什么好处?

一起做

在一个如此强调让我们的女孩有能力获得成功的文化中,我们也需要确保让我们的女孩有能力应对失败,也就是说,教给她们一些方法去应对终将不可避免的挑战。尝试以下写作练习,思考某次令人痛苦的经历让你在哪些方面变得更好了。当我们能够从挑战我们的经历中获得益处并对其产生感激之情时,我们就更有能力去面对它们了。你自己先试着做一下,然后再和你的女儿一起尝试着做。

- 回想你遭遇过的一次痛苦经历,它对你产生了深刻的影响(在这里,如果可能,避免选择创伤性事件作为思考的素材)。
- 通过这次让你引以为豪的经历,你对自己有了什么认识?
- 你对于那些帮助你的人有了什么认识?
- 这段经历以什么方式让你了解到你拥有比自己想象中更多的特殊的积极品质或能力,例如勇气、智慧、力量、耐力?
- 这段经历对你的价值观(你所主张的东西)或你的使命感(你觉得自己在这个世界上应该做的事情)产生了什么影响?

一同试着做本章中的"我喜欢……"练习。讨论哪些想法让你们感到惊讶,哪些想法让你们觉得最有趣,以及想出你们喜欢的事物有多容易或多艰难。制订一个计划,一起做一件你女儿喜欢的事情。

谈话开场白

- 如果你能重新设计大学入学程序,你认为对申请者来说,有哪些技能、成就或品质是最重要的？
- 如果你不必为了进大学而如此用功，你会利用你的时间做些什么？（如果可以，让她不要列举"睡觉"这种事情。）
- 你认为你真的可能在你所做的每件事上都出类拔萃吗？这种压力的代价是什么？你有没有见过一些名人营造出看似完美的形象，结果却在公众面前翻车？你对此怎么看？

第2章 女孩与社交媒体

反思或讨论

我们很容易判断出青少年在一张自拍照上浪费了多少精力，他们有多么在意点赞数，以及一种似乎成瘾的上网需求。那么你呢？你是否会被网上的积极关注带来的赞许吸引？你会小心翼翼地只发布自己最讨人喜欢的照片吗？你会多久当着孩子的面看一次手机？你会向她传递怎样的混合信息？成年人有怎样的责任去以身作则、与技术建立一种健康的关系？

一起做

- 在一张纸上并排画两个火柴人，在其中一个上面写上"网上的我"，另一个上面写上"现实的我"。让你的女儿在两个火柴人下分别列出她重视的品质、行为或身体面貌。讨论两者间的区别，尽可能保持好奇，不加以评判。然后，自己也做一遍这个练习（公平起见）。
- 在你的手机上安装一个跟踪屏幕时间的应用程序。告诉女儿你这周花在手机上的时间，并且让她也这么做。

谈话开场白

- 如果你有一个星期不能使用手机，你会如何利用多出来的时间？你觉得你会有什么感觉？你觉得你会错过什么吗？
- 我发现，有时候，当我看到别人在社交媒体上发布的内容时，我会对别人的生活做出种种假想。当我这么做的时候，我会有一种不安全感或焦虑感。
- 告诉我网上有哪些东西让你喜欢、让你生气或者让你发笑。为什么它们会让你有这些感觉？

第3章 女孩的身体羞耻感

反思或讨论

- 关于你和你的身体看上去应该是怎样的，在你的成长过程中，你从家人、同龄人、媒体或社会文化那里获得过哪些信息？列出尽可能多的信息。
- 你女儿所承受的外表压力和你在少女时期所承受的有什么不同？关于你的身体和外貌，你希望在你年轻时有人告诉过你哪些事情？
- 你多久会进行一次肥胖谈话？如果你不能确定，可以找一位朋友问问你在这方面的情况。如果你经常进行肥胖谈话，你是从哪里学会这么做的？你会考虑在与他人谈话时绝口不提哪一种身体评论？

一起做

- 和你的女儿一起在YouTube上观看莉莉·梅耶斯（Lily

Myers)的表演"不断缩小的女性",问问她对此的看法。莉莉说:"我不知道对社会学专业学生的最高标准是什么,因为我在整个会议期间一直在纠结我是否可以再吃一块比萨饼。"问问你的女儿,她是否认为关于食物和外表的想法会分散女孩们的注意力,以及这会对她们产生什么影响。如果可以,与她分享你自己的经历以及你对自己同龄人的观察所得。

- 通过在 Instagram 上搜索"身体积极性""尊重我的曲线""抛开你的美丽标准""时尚不分尺码"或"金色自信心",认识一些身体积极主义活动人士。问问你的女儿是否熟悉该活动,并问问她对此有什么看法。在她的学校里,学生们是否会在这些网站上上传类似的照片?为什么会或者为什么不会?为什么这些活动人士被认为是开拓者和勇士?

谈话开场白

- 在你找到自己想上传的照片之前,你通常会拍多少张照片?你通过什么来确定自己的照片是否够"好"?
- 你还记得第一次在意自己的外表是什么时候吗?当时是不是有人对你的外表说过什么?
- 你是否注意到女孩们进行的肥胖谈话?你觉得女孩们为什么会这么做?你是否观察到过男孩们进行肥胖谈话?为什么是或者为什么不是?你是否曾感到压力,为了融入其他女孩而不得不在她们面前贬低自己的外表?如果你拒绝这样做会怎么样?

第 4 章 克服自我怀疑

反思或讨论

你是否会为了安全起见、避免失败、保持成功而躲避风险？这会如何影响到你在生活中所做的选择以及你决定不去做的事情？如果你愿意冒险，你是从哪里学会这么做的？你应该如何以身作则，向你的女儿展示日常冒险行为？

一起做

和你的女儿一同观看蒋甲的 TEDxAustin 演讲："我从被拒绝的 100 天中获得的惊人教训"。然后，尝试用你们自己的方式践行他的理念，共同进行一次低风险的小冒险。学习一项新技能（考虑烹饪或烘焙，或者是一项你们从未尝试过的体育活动），去一个你们从未去过的地方，或者做一件让你们俩都感到紧张的事情，要一起去做。如果你们成功了，就谈一谈珍惜一小步而非一大步所带来的感受，以及如何将你们的小小胜利转化为另一次合理的冒险。

谈话开场白

- 承认她有某件事情做得很好，专注于她完成这件事情的过程。问问她使用了什么策略。下一次当她在考试中拿到高分回家时，问问她是如何学习的。
- 你是否有过遭遇挫折或是犯下错误却在这个过程中变得更坚强的经历？在哪些方面失败是你的老师，而成功不是？

第 5 章　期待最坏的结果和过度思考

反思或讨论

- 布伦内·布朗（Brené Brown）写过："如果我们预计最坏的情况，就无法体验事情进行顺利时的喜悦。"你用过哪些办法来"预计最坏的情况"，以保护自己不受失望情绪的伤害？这么做对你来说有什么用？它如何限制了你的发挥？如果你不是一个防御性悲观主义者，那你是如何成功避开这种思维模式的？

- 想想看你是否和女儿进行过共同反刍思维。想一个曾经让你们进行共同反刍思维的特殊问题。你们可以如何利用西蒙斯所描述的四步 ORID 进程来摆脱这个循环？

一起做

写下在生活中你们都倾向于做出最坏预计的一些领域。在这些情况下，中性和乐观的态度应该是怎样的？

例：我在这门考试中永远也不会得到好成绩。

中性：我即将参加一门考试，我对此非常焦虑。

乐观：我即将参加一门考试，我已经做了许多功课来进行准备。我希望能取得最佳成绩。

谈话开场白

- 为什么有那么多女孩在考试前，或是在拿到打好分数的论文或试卷前，喜欢自我贬低或是预计最坏的结果？她们这么做能得到什么？

- 下一次，当你的女儿陷入某种思维中不可自拔时，请注意她是如何描述这件事情的。不要指出她的漏洞，只需让她的描述再深入一些。
  - 你听起来像是在进行反刍思维。你只是在脑子里一遍又一遍地想它，对吗？我有时候也会这样。
  - 你现在感觉到了什么情绪？（鼓励她专注于找出一个词，例如"紧张"，而不是对她的感受发表看法。）
  - 你认为反刍思维能让你达到什么目的？你是否觉得反复思考它就能让你离解决方案更近一步？
  - 这会让你对自己产生某种特别的感觉吗？
  - 你（或者我们）现在能做一件什么事情来让你朝着解决方案迈进，或是让你摆脱目前的思维状态？

第6章 把自我批评变成自我关怀

反思或讨论

- 你会利用自我批评来激励自己吗？如果会，你认为你是从哪里学会这么做的？这种做法的好处和缺点各是什么？
- 当别人遭受痛苦、犯错或感到自己能力不够时，你理解他们的方式会跟你在面对类似情况时理解自己的方式有所不同吗？

一起做

- 下一次，当你在女儿面前犯错时，试着做一做自我同情的三个步骤，以示范对于犯错误的不同反应。如果在当着别人的面犯错时你更习惯于进行自我批评——"我好笨""我怎么会那么做"等，那你不妨运用正念（"哇，我好尴尬"）、善待自己（"下次我得换一种方法试试"）和共通人性（"呃，我不可能是唯一一犯这种错误的人"）。

- 试着在你的家庭生活中添加一种常规性的感恩做法。在早餐时，试着想出在那一天让你感恩的三件事，它们可以很简单，如家里的宠物，或是你期待的一顿饭。

谈话开场白

- 你见过婴儿学走路吗？当她摔倒时你会对她说什么？你会说"笨宝宝"吗？为什么不会？如果你不想用批评来回应一个正在艰难挣扎的孩子，那为什么有那么多人（或许也包括你）会对自己这么做？
- 如果在你遭受痛苦时，你对待自己就像对待他人一样友善，你认为会怎么样？

第7章 对完美的狂热崇拜与压力奥运会

反思或讨论

- 你会如何描述你的自我关爱水平？考虑以下因素：睡眠、锻炼、健康饮食以及只属于自己的时间。你该如何为你的女儿树立自我关爱的榜样？
- 你是否能坦然地去寻求帮助？为什么能或者为什么不能？你可以用什么方式为女儿树立寻求合理支持的榜样，从而让她学会这项技能，既能解决问题，又能保持自尊？
- 在你们的社区里，毫不费力之完美是什么样的？女孩们可能从哪里获得"毫不费力之完美是有价值的"这一信息？

你如何在日常生活中为女儿树立脆弱性的榜样？

一起做

- 描述"角色过载"的概念，然后列出你们俩在一周或一天中扮演的所有角色，例如家长、女儿、配偶、学生、兄弟姐妹、运动员、社交媒体创作者、同事、朋友。你们的列表有什么共同点吗？你们可以一起做些什么来让你们的生活更加平衡？
- 试着在跟你女儿的对话中使用积极倾听的三个步骤。

谈话开场白

- 你是否能坦然地向老师们寻求帮助？为什么是或者为什么不是？相对于其他帮助而言，你是否更愿意去寻求某种特定类型的帮助？你认为有哪些原因导致一些女孩无法坦然地去寻求支持？
- 在你的人生中，当你需要找人倾诉时，你会去找哪位成年人倾诉？
- 你的学校里存在压力奥运会吗？它听上去是什么样的？你认为人们为什么要这样做？这让你有什么感觉？你对此有何看法？

第 8 章　Control+Alt+Delete：改变人生航向的好处

反思或讨论

你是否曾经不得不重新调整、改变方向？你从这次经历中得到了什么？如果你以前从未这么做过，你希望你这么做过吗？考虑和你女儿分享你的感想。

一起做

如果你的女儿最近曾经改变自己的人生航向，就让她和你一起做一块愿景板。不要把重点放在具体的未来计划上，而是要鼓励她表达出她想要的感觉。当你们在经历过渡期时，回顾这块愿景板，提醒她，无论她下一步要做什么，她对自己的选择的真实感受都是很重要的，不亚于这些选择在别人看来有多"好"或是有多"糟"。

谈话开场白

- 在你的人生中是否曾发生过这样的事情，你的计划没有成功，然而这次不幸的遭遇让你或你的生活变得更好了？半途而废可能变成一件好事吗？
- 你是否曾经追求一项成就，更多是因为别人对它的看法，而不是因为你自己真的想去做？（如果你也这么做过，和女儿分享你的故事吧。）

第9章　我们无法给孩子自己没有的东西

反思或讨论

- 当年有什么东西是你父母因为自己不懂得所以没能教给你的？你决定用怎样不同的方式来对待自己的孩子？
- 你倾向于使用哪些方法来应对不确定性？你使用过任何策略去应对不可预知的情况导致的焦虑感吗？在你的育儿过程中你会有什么样的焦虑感？

一起做

告诉女儿你犯过的一个重大错误或你遇到过的一次重大挫折。在不损害你作为父母的形象的前提下，尽可能表现出你笨拙、脆弱的一面。详细说明你当时有多么痛苦。同时也要告诉她挫折是如何让你变得更好的：它是不是让你变得更加智慧？更加勇敢？更加坚韧？如果你不曾向女儿讲述过你犯过的错误，那就告诉她从现在开始你会努力做得更好，并鼓励她和你分享一个类似的故事。

谈话开场白

让你的女儿反馈一下，当她犯错误或遭遇挫折时，你的反应是怎样的。比较好的做法可能是，针对一个具体事例，然后问她：我的反应在哪些方面对你有帮助？在哪些方面没有帮助？我应该如何改进？

第10章 毕业季的耳光：大学毕业后的生活

反思或讨论

- 年轻的成年人承受着人生规划带来的巨大压力。"知道下一步是什么"被等同于成功，然而大学毕业后的生活中尤其充满了不可预知的时刻。想一想当你没有计划或有一个未能实现的计划时，这种情况曾经以何种方式塑造了你成年后的人生道路。
- 斯坦福大学教授卡罗尔·德韦克（Carol Dweck）曾说过："如果人生是一所没有终点的学校，那么女孩会统治世界。"

如果女孩们在与顺从相关的方面表现得出类拔萃，在她们大学毕业后，这会对她们产生什么影响？你女儿的优势是如何与这句话一致（或不一致）的？

一起做

和女儿分享你的一段经历，即一个失败的计划反而变成了一件好事，并问问她是否有相同的经历可以分享。如果她觉得拥有一个计划给自己造成了太大压力，那就鼓励她就文化对人们的期望进行批评。

谈话开场白

- 你如何定义"幸福"？当你闭上眼睛，想到"幸福"这个词时，你看到了什么？在向"现实世界"过渡时，如何才能抓住更多的幸福因素？
- 你是否注意到别人在谈论有计划的事情？这让你有什么感觉？为什么人们说起自己有某个计划时会感到压力，即使他们并不特别喜欢这个计划？为什么在人生的这一刻拥有计划可能是个错误？

华章心理学2020年度
人格心理学重磅作品

《成为更好的自己：许燕人格心理学30讲》

【豆瓣时间】同名精品课

北京师范大学心理学部
许燕 教授
30年人格研究精华提炼

破译人格密码
构建自我成长方法论

认识自我，理解他人，塑造健康人格

教育/发展心理学